U0166696

岁时·节气

冯平 著

商務印書館
创于1897
The Commercial Press

图书在版编目(CIP)数据

岁时·节气/冯平著.—北京:商务印书馆,2021
ISBN 978-7-100-20063-9

Ⅰ.①岁…　Ⅱ.①冯…　Ⅲ.①二十四节气—普及读物　Ⅳ.①P462-49

中国版本图书馆CIP数据核字(2021)第121753号

岁时·节气
冯平　著

商务印书馆出版
(北京王府井大街36号　邮政编码100710)
商务印书馆发行
北京雅昌艺术印刷有限公司印刷
ISBN 978-7-100-20063-9

2021年11月第1版　开本889×1194　1/32
2021年11月北京第1次印刷　印张5¾
定价:48.00元

目录

立春

福州以一场久违的雪，迎来 2018 年的春天。

闽清下雪，永泰下雪，闽侯下雪，长乐下雪，连多年不见雪的福州，在海拔接近千米的鼓岭，也下起了雪。

雪不大，落在地上，只能留下一行浅浅的足迹。

想起某年冬季去闽北，也遇到过这样的薄雪。当地的朋友介绍说，他们称这样的雪为“鸡爪雪”，意思是即便鸡走在雪地上，也没不过爪子。

但就是这样的小雪，也足够让这个城市的年轻人狂喜不已了。

有人漏夜开车上山看雪。

车上的落雪，被他们小心翼翼地集中起来。几个人“众筹”在引擎盖上捏了个拳头大的“雪人”，以证明雪下得很大。然后，几个人像供祖宗似的，围着“雪人”拍照，各自发朋友圈，玩得不亦乐乎。温柔的福州人，真正体会到了“捧在手心怕化了”的感觉。

春天来了，南国的银叶金合欢最先吐蕊

但雪毕竟下了，春天也毕竟来了。

立春了。

梦想着春，春就来了。

虽然只是立春，山上还飘着小雪，冬还在依依不舍地眷恋着人间，但南方春天的气息，已经迎面扑来了。

门口公园里，银叶金合欢什么时候开了花，小小的黄绒花挨挨挤挤，挂满枝头。白马河边，樱花也在寒风中绽放。满树繁盛的花儿，带着沁人心脾的芬芳，似乎触摸到你身上某个柔软的部位，让人一下卸下了心防。

栅栏上，金黄色的鞭炮花，开成一道流动的橙云。让人想到春日向晚，横亘在旗山山脉某个山峦上的云彩。

人行道上，红花羊蹄甲暗香扑鼻，开成了一团团花树。过往的路人行经树下，都会情不自禁抬起头来，寻找香气的来源。

所有这一切，都让你真真切切感受到，春天真的来了。

这是二十四节气的第一个节气，也是一年的岁首。“立”，是开始的意思，表示着冬去春归来。而“春”的意思，《释名》解释：“春”是蠢，万物在此节气蠢蠢欲动，花草和树木即将发芽，意味着从此“阳和起蛰，品物皆春”，万物复苏，生机盎然。

立春作为节令，早在春秋时就有了。而直到《礼记·月令》一书和西汉刘安的《淮南子·天文训》中，才有了完整的二十四个节气的记载。

将立春作为春季的开端，始于秦代。

秦汉之间，历法曾多次变革。立春也曾被定为春节，

福建钟樱花开成花树

意思是春天从此开始。这种叫法延续了两千多年。

直到辛亥革命后，为了区分农、公二历，当时的中华民国北洋政府正式下达文件，明确每年的农历正月初一为春节，而公历1月1日为元旦。此后，立春日仅作为节气之一存在，并传承到今天。

立春，是从天文角度来划分的，而在自然界、在人们的心目中，春是温暖，鸟语花香；春是生长，耕耘播种。

在周代，立春日，天子亲率三公九卿诸侯大夫去东郊迎春，祈求风调雨顺、五谷丰登，布德和令以施惠兆民。到东汉时，正式产生了迎春礼俗和民间的习俗。

旧俗立春,既是一个古老的节气,也是一个重大的节日。

立春三候：一候东风解冻；二候蛰虫始振；三候鱼陟负冰。

在国人的词典里，“东”这个方位词，总是与“春”这个季候词联系在一起。所谓“东风”，即为“春风”，这是中国人的特权。

当第一缕东风吹起，北方的冰河解冻，老树萌芽，春天重归大地。

后五日，蛰虫始振，蛰居的虫类在洞中慢慢苏醒。

再五日，鱼陟负冰。陟，升也。在北方，河里的冰面开始融化。此时，水面上还有没完全融化的碎冰，如同被鱼负着一般，浮在水面。

春天醒了，但春节未到。

现在立春这个节气，往往被人忽视。不是它不重要，而是因为临近农历新年。

作家李檣在《立春》一书中这样写道：

> 立春一过，实际上城市里还没啥春天的迹象，但是风真的就不一样了。这样的风一吹过来，我就可想哭了。

立春到了，乡愁浓了。二月的中国，始于归家的期盼。

在他乡，游子们收拾行囊，开始了一年一度最盛大的迁徙。离乡久了，他们早就把自己当成回归的燕子了。

但燕子也许记得住立春，游子却只惦记着家人团圆的春节。他们只想赶在新岁之前，回到自己朝思暮想的旧巢。

永泰的山野田舍，青梅早已绽放。

它也在赶路，赶在东风来临之前，向人们传递着春的消息。

梅花开毕，接下来，那里就该是漫山遍野的李花雪了。

二月，福州城里很多角落都开满了樱花。匆匆的路人，不经意间，就会被一团团绯云般的粉红，撞碎了淤积在心底的寒意，瞬间被它所感染。

许地山说："春天是感觉的，是对美丽环境的感觉。"春天的来到，意味着生命的复苏。你从美丽的环境中，从身边的常情琐事中，可以品味人生和生命，享受宁静致远的一种境界。

春天，是一种心情。

许地山又说：

> 美丽的春的环境能够洗涤因生活带来的烦恼，使我们感觉到心灵的归属。

> 谙尽世中滋味，而不以持空寂而苦，思出世而无污染，脱后景之尘缘，这也是春天，这是自己心灵的春天！

二月春来，二月未暖。语言在春天是枯萎的。

福州的春天，尽管还在冬天的怀抱里，但春天来不来，早来或晚来，其实都不是很重要。心中有春暖，春天就在，一直都在。

永泰山间的青梅

雨水

正月初四，雨水如约而至，南国青烟迷离。

永泰葛岭大樟溪岸，田亩上李花盛开如雪。一树树的白，像一团团化不开的云雾，在芳草萋萋的山间飘浮。

古朴的村落边，零零星星的油菜花开花了。一畦畦一簇簇，让烟雨中的绿野亮堂了不少。

花，蓬勃而缱绻，飘逸而温润。多么清新的田园诗画啊！

福州城里，乌山西路路口五棵山樱花，在蒙蒙细雨中成了五团玫红色的云影。不断飘落的花儿，在树下铺开，如一片绯云般的倒影。

草色青青，春空烟迷。

南国的春天，是在一场雨水中降临的。

这是二十四节气的第二个节气，雨水。

元人吴澄《月令七十二候集解》中说："正月中，天一生水。春始属木，然生木者必水也，故立春后继之雨水。且东风既解冻，则散而为雨矣。"

雨中蕉叶

《尔雅》曰："天地之交而为泰。"天地和同，雨水是天与地联手"酿造"出来的，所以，春之水为泰。

泰就是安，就是好。"好雨知时节，当春乃发生"，正是植物萌发生长的时候，"甘雨时降，万物以嘉"。

古人称这样的好雨，叫"膏雨"。

在《贞观政要》里，许敬宗对唐太宗说："春雨如膏，农夫喜其润泽。"说春天的雨水，就像脂膏一样，滋养农作物，因此农夫喜爱它的润泽。

最早说"春雨如膏"的，是春秋时期的《左传》。

鲁襄公十九年，鲁国季武子出使晋国，拜谢晋国出兵帮助。季武子说："小国之仰大国也，如百谷之仰膏雨焉，如常膏之，其天下辑睦，岂惟敝邑。"

后来，就有了"春雨如膏"的成语。宋本《至治集》："春雨如膏三万里，尽将嵩呼祝尧年。"

再后来，"春雨如膏"又转化成了"春雨贵如油"的谚语。清李光庭在《乡言解颐》中说："春雨贵如油，膏雨也。"

在农耕社会的二十四节气中，雨水、清明、谷雨，都离不开春雨。《淮南子》说"春气发而百草生"，在每一轮的生命循环过程中，春雨，都是最关键的因素。

古人将雨水节气分为三候：一候獭祭鱼；二候雁北归；三候草木萌。

“雁北归”“草木萌”都好理解，最有意思的是“獭祭鱼”。

雨水节气，正是“消寒图”中的“七九”。七九河开，水獭下到河里去捕捉小鱼。它们把捕到的鱼一条一条摆到河岸上，铺排开来，似乎是一场鱼祭。等鱼足够多的时候，再一口气吃个肠满肚圆。

为什么有这么奇怪的举动呢？

古人百思不得其解，就以为这是水獭的“善举”。清人孙枝蔚诗曰：“一点虔诚意，惟同獭祭鱼。”似乎水獭也知道感恩雨水，先祭天地而后食。

七十二候中，类似于这种的“祭”还有两处：处暑初候鹰乃祭鸟，霜降初候豺乃祭兽。

《易·系辞》说，万物“润之以风雨”，雨水，是充满生命内涵的节气。

雨水之后，就是春景次第呈现。

层层枯草下面，泥土变得松软，能发芽的都发芽了。柳枝变得柔软，花木酝酿花事，冬天落叶的树木，也长出了新芽。

大地母亲记得所有孩子的生日和去日。哪一粒种子发芽，哪一朵花儿最终老去，她都记得。她用自己沉默的方式，孕育着，拥抱着，目送着。

春雨滋养万物，无私奉献，还被引用到父母的抚育之恩上，明代沈周在《对春雨》一诗中写道：

雨水中的杉树叶愈发青翠

春雨父母情，惠物侔爱子。

润被发华妍，长养助欣喜。

有些地方至今仍保留着旧俗，雨水节气，出嫁的女儿要在丈夫的陪同下回娘家，以谢父母的养育之恩。如果是新婚女婿，岳父岳母还要回赠雨伞。希望雨伞能给女婿遮风挡雨，让他人生旅途一路顺利。

长在潮湿岩壁上的小沼兰

唐人齐己在《野步》诗中写道：

城里无闲处，却寻城外行。

田园经雨水，乡国忆桑耕。

春雨的温柔，春雨的生机，给想象灵动了的空间，使整个季节，变得更加诗意盎然起来。

在杜牧眼里，春天就是江南的烟雨：“南朝四百八十寺，多少楼台烟雨中。”

在朱自清笔下，春雨“像牛毛，像花针，像细丝，密密地斜织着，人家屋顶上全笼着一层薄烟”。

而在作家冯剑华笔下，春雨是少女，正值豆蔻芳华，文静、温柔、清新、羞涩；春雨又是一个极擅丹青的画师，爱美写美的画师。

雨水里的春天，生活就是一首葱茏的诗。坐看百花开落遍，依然山色对清庐。让我们用心一起感恩季节，聆听春天的雨水吧。

惊蛰

“一鼓轻雷惊蛰后，细筛微雨落梅天”，今日惊蛰。

从昨日晨起，春云蔽日，小区里黄鹂频频鸣啾，空气中荡漾着水汽，湿润得可以拧出水来。

门前小公园里，去年秋冬落叶凋尽的乌桕树、苦楝树，不知何时，枝桠上已长满密密麻麻的嫩芽与新叶。它们像新生儿似的，在乍暖还寒中探头探脑，对这个世界充满了陌生，慌张而又隐秘。

到了日午，城南五虎山一带的天边，响起今春的第一阵春雷。雷声滚滚，让人振奋，也让人敬畏。

雨点噼里啪啦地落下来，北边的莲花山与东边的鼓山顿时变得青烟迷离。春山在春雨中尽情洗浴，闽江水涨，春在枯草枯叶中簇簇萌动。

真是一场催春的雨啊！

这是二十四节气中的第三个节气，也是动静最大的一个节气。

《月令七十二候集解》说：“二月节，万物出乎震，震为雷，故曰惊蛰。是蛰虫惊而出走矣。”旧时的农历书也是这样表述惊蛰的：“惊蛰，雷鸣动，蛰虫皆震起而出，故名惊蛰。”

动物冬藏伏土，不饮不食，称为“蛰”。按照古人的说法，是天边隆隆滚动的春雷，把蛰伏在泥土中冬眠的各种昆虫，惊醒了。

蛰虫怎么能听到雷声呢？

蛰虫惊醒，只是因为天气变暖，地气复苏。经过雨水浸泡之后，泥土变得松软，度过寒冬的虫卵开始孵化，泥土之下的冬眠动物，伸了个长长的懒腰，它们在等待合适

南国早春暮色

草叶上的椿虫

的时候苏醒出土。

惊蛰，一个“惊”字，就让春天有了声色。

它犹如说书先生手中的惊堂木，在立春、雨水做好了足够的铺垫，到了此时，言归正传，一声惊雷，打开了春天的大门。

于是，大地回暖，三麦拔节，毛桃芽爆，杂草返青，百虫苏醒，蛙鸣大作。所有的生命，都意气奋发，竞相拼搏。

古人将惊蛰分为三候：一候桃始华；二候仓庚鸣；三候鹰化为鸠。

古人认为，桃始华乃闹春之始。蛰伏了一冬的桃花，此时开始开花，并逐渐繁盛。

后五日，仓庚鸣。仓庚，就是黄鹂鸟。《诗经》说“有鸣仓庚”，指的就是黄鹂的啼鸣。黄鹂也感知到了春天的气息，发出婉转悦耳的啼鸣。

再五日，鹰化为鸠。鸠，就是布谷鸟。《章龟经》曰：“仲春之时，林木茂盛，口啄尚柔，不能捕鸟，瞪目忍饥，如痴而化，故名曰鸤鸠”，说的就是这种鸟。

惊蛰时节，天空中看不到老鹰飞翔，而林间却常听见布谷鸟的鸣声，古人遂以为是老鹰化成了布谷鸟，来提醒农人做好春耕的准备。

七十二候中有好几处这样的表述，比如大暑“腐草为萤”，寒露“雀入大水为蛤”，等等。其实，这反映了古人对世间万物变化消长的一种朴素的认识。

春雷响，万物长。

伴随着阵阵春雷，经历了早春的懵懂，仲春时节，这春意也渐渐地浓了起来。惊蛰过后，雨水渐多，适合农作物萌芽生长。韦应物有《观田家》诗云："微雨众卉新，一雷惊蛰始。田家几日闲，耕种从此起。"北方麦苗青青，南方大部分地区也开始春耕了，田间地头，一派融融春播的繁忙景象。

而在农谚里，惊蛰时的春雷还有着特殊的含义。"雷打惊蛰前，四十九天不见天"——下雨；"惊蛰雷鸣，谷米成堆"——丰收。

要是过了惊蛰，临近春分，都未听到响雷，那春播植物就会因缺少雨水而影响收成。因此有经验的农人，是一定要留意惊蛰这一天的天象的。

惊蛰的雷声，也唤醒了人间最美的季节。可以说，春天是在惊蛰节气里站稳脚跟的。

在二十四番花信风中，惊蛰时相继开放的分别是桃花、棣棠和蔷薇花。这三种花一开，春天就热闹起来了，到处是噼噼啪啪花开的声音。

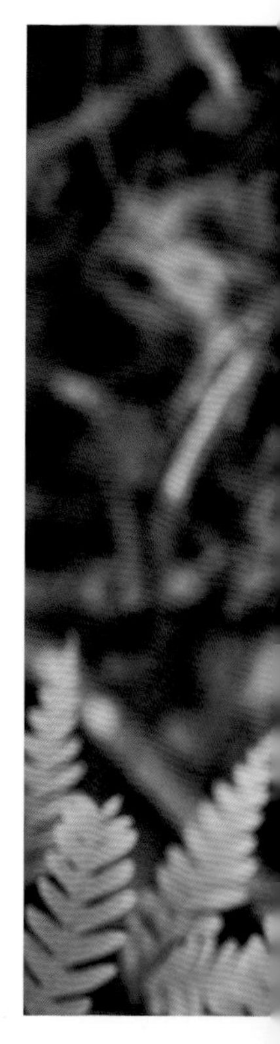

唐人贾至在他的《春思二首·其一》中写道："草色青青柳色黄，桃花历乱李花香。"老话说"秾李夭桃"，"秾"是花木茂盛的意思，"夭"不仅指茂盛，而且有夭娆、妩媚的意思。

桃和李，都是蔷薇科植物，蔷薇科的优势就在于秾丽。桃花一开，便开到泛滥，艳到荼蘼，如烟似雾，灿若云霞，整个春天都跟着明媚起来。

卷柏

棣棠，又称地棠、蜂棠花、金棣棠梅、黄榆梅等，蔷薇科蔷薇亚科棣棠花属。

蔷薇，枝朵柔弱，有临风冉冉之态。在中国文人眼里，花是有风骨神韵的。梅花取其骨，梨花取其泪，桃杏取其秾。王国维把蔷薇比作豆蔻年华的少女："未能羞涩但娇痴，却立风前散发衬凝脂。蔷薇似之。"

惊蛰，好比是仲春的闹铃。

无论是桃花、棣棠还是蔷薇，都在惊蛰的雷声中醒来。

仲春的闹铃响了，还有谁肯在这明媚的春光里，蛰伏着不动呢？

接下来，海棠、梨花、木兰，以及山野间无数叫不出名字的花儿，都会相继醒来。蜂蝶也醒了，有声、无声地飞舞在花丛中。

满园春色，到了惊蛰，是想关都关不住的。

春分

连日来，南国的福州时晴时雨，春风骀荡，所谓养花天气。

周末随着人群去北郊的桂湖种树。车出将近五千米的贵新隧道，一下豁然开朗。

四周关山苍苍，山上的松树、杉树、柠檬桉树青翠挺拔，郁郁葱葱。

宽广的山谷间，田亩纵横，春光明媚，菜花招摇，雀鸟在花间扑棱棱低飞，黄牛在坡上安静地吃草，看上去特别悠闲。

在车上，忽然想到清人宋琬的那首《春日田家》：

野田黄雀自为群，山叟相过话旧闻。
夜半饭牛呼妇起，明朝种树是春分。

于是眼前浮现出一组久违的画面：

田野中，黄雀在自在觅食，村里的老翁，见人就说起那些陈年往事。夜半起来喂牛，还不忘叫醒老伴，唠叨着明朝春分种树的事儿。

未到桂湖，已感受到乡野春天的气息了。

鼓山上的革叶槭

明日春分。

《月令七十二候集解》说："二月中，分者半也，此当九十日之半，故谓之分。"春分的到来，意味着九十天的春季已经过了一半，也标志着人间开始进入三月天。

春分不仅只是个寻常的节气，在天文学以及气候方面，还有着重要的意义。

这一天，南北半球阴阳相半，昼夜等长。我们所在北半球，春分后开始昼长夜短，到夏至日，白昼的时长达到极致，反转为昼短夜长，直到秋分，再一次昼夜等长。

春分与秋分一样，都是昼夜等长。但春分被国人称为"天门开"——阳气升腾，从此天气越来越暖；而秋分，则被称为"地门闭"——阴气渐盛，从此天气越来越凉。

古人将春分分为三候：一候玄鸟至；二候雷乃发声；三候始电。

玄鸟，即燕子。燕子是春分回、秋分去的候鸟。所以，当看到"画梁新燕一双双"时，便知春分到了。

"几处早莺争暖树，谁家新燕啄春泥。"燕子的一生，不是为养育后代长途跋涉，就是为家人遮风挡雨辛勤筑窝，简直就是农耕社会农人的写照。因此，中国人将燕子称为贵客，它们身上，有我们先人的影子。

后五日，雷乃发声。古籍上说："阴阳相薄为雷，至此四阳渐盛，犹有阴焉，则相薄，乃发声矣。"雷为阳气之声，春分后出地发声，秋分后入地无声。

杨桃树边开花，边结果

再五日，始电。《公羊传》说，电者，雷光是也。打雷时发出的闪光。电闪雷鸣，春雨不再潇潇，春花不知落了多少。

古代，有春祭日、秋祭月的礼制，春分祭日，秋分祭月，乃国之大典。祭日定在春分的卯刻，每逢甲、丙、戊、庚、壬年份，皇帝亲祭，其余的年份由官员代祭。

闽西一些地方，至今还保留着春分扫墓祭祖的习俗。

古老的中国，但凡节气，必有风俗流传，且各地不同。

江南地区，旧时春分流行犒劳耕牛、祭祀百鸟。因为

雨中的樱花

春分到了，耕牛开始一年的劳作，以糯米团喂耕牛表示犒赏。

祭祀百鸟，一则感谢它们提醒农时，二是希望鸟雀不要啄食五谷，有祈祷丰年之意。

北京人春分吃驴打滚，辟邪祈福。扬州人春分吃萝卜或萝卜丝馅的包子、春卷。岭南一带的春分吃春菜。春菜又名春碧蒿，是一种野苋菜。南北方很多地方流行在春分日栽植树木，作春酒，酿酷（《说文》释，酒厚味也），“春分日，酿酒拌酷，移花接木”（《文水县志》）。

青梅如豆柳如眉，春分正是山水朗润、桃李芬芳、烟雨黄昏、让人痴醉的节气。在二十四番花信风中，春分三花信为海棠、梨花、木兰。

海棠花素有“国艳”之称，称为“花贵妃”。古人喻美人卧，曰：“棠睡”，可见花之娇媚。唐诗人何希尧写海棠：“著雨胭脂点点消，半开时节最妖娆。”（《海棠》）

梨花如雪，冰身玉肤，凝脂欲滴，纤尘不染。在白居易的《长恨歌》里，杨贵妃，就是一枝这样美得不可方物的梨花。

京剧大师梅葆玖在《梨花颂》里这样唱道：“梨花开，春带雨。梨花落，春入泥。此生只为一人去，道他君王情也痴。”

梨花落，春入泥。安史之乱，杨贵妃马嵬坡上毅然就死，做了乱世的替罪羊，留下千古长恨。

而木兰花似莲洁白，傲立枝头，也是满树纯白圣洁，毫无杂色，只不过少了些梨花的悲愁。

春分的花，如同春分的景，含烟带雨，凝脂欲滴，皎洁无暇，楚楚动人，赢得历代文人的钟爱。

但春花旖旎，春花也易逝，不禁勾起文人惜春的情愫。

宋代建瓯人葛绍体，在他的惜春诗中发出这样的感慨：

晴日无多雨日多，春藏花底暗消磨。

一年尚有几春色，花若飘零春奈何。

——《惜春二首》

时晴时雨，花开花落。春天给人的感觉就是这样，经常在忽冷忽热中度过，转眼间，春已过半，“花若飘零春奈何”。

一年中能有几多这样的春色呢?

季节短暂，生命亦然。我们该停一停脚步，多看看这美好的春华，该好好珍惜这本就短暂的春天、本就短暂的人生。

夭桃绽放

清明

晨起，天阴有雾。

欲雨未雨的天气，到了九点多，却出了太阳。一片阳光从云隙投射到对面楼宇灰白的墙面上，像是老电影里的一个画面，给人以恍若隔世的既视感。

周末以及假日里嬉闹的稚童不见了身影。

楼下的秋千,空荡荡的,只有两株宫粉紫荆兀自开着花，粉的紫的白的碎花挨挨挤挤，繁盛得不行。

小区里一派寂静。也许他们一大早就扶老携幼，出城扫墓踏青去了吧。城里空了，而那城外，想必该是多么的拥堵了。

有人在朋友圈发图片，一个古村，正被一树树梨花淹没。

藏在大山里的古村，黑色的老瓦，起伏的马鞍墙，古朴而又宁静。梨花寂寂,其华淡淡,仿佛是一处静美的仙境。

“燕子来时新社，梨花落后清明”，真是应景。

是日清明。

这是二十四节气的第五个节气。按《岁时百问》的说法，“万物生长此时，皆清洁而明净。故谓之清明”。

这一节气，经过早春里的蛰伏和苏醒，再加上雨水的浇灌，万物洁齐，生气旺盛，吐故纳新，庄稼与草木，都呈现出葱郁繁盛的样子。

时序到了清明，气温变暖，降雨增多，正是春耕春种的大好时节，对于古代农业生产而言，是一个重要的节气，农谚说，“清明前后，种瓜点豆”；“植树造林，莫过清明”，就是这个道理。

东汉崔寔《四民月令》说：“清明节（指节气），命蚕妾，治蚕室。”养蚕即是在这个节气开始准备。

梨花盛开

古人将清明节气十五天分为三候：一候桐始华；二候田鼠化为鴽（rú）；三候虹始见。

桐有三种，华而不实的叫白桐，也就是《尔雅》中的荣桐。皮青、结实的，叫梧桐，也称青桐。籽大而有油的，叫油桐。

桐始华指的是白桐。清明初候，白桐就开始开花了。

后五日，田鼠化为鴽。喜阴的田鼠都躲回洞穴，找不到了。鴽，古书上指鹌鹑类的小鸟，喜爱阳气。田鼠为至阴之物，鸟为至阳之物。田鼠化为鴽，意指阴气潜藏而阳气渐盛。

再五日，虹始见。虹是雨后或日出、日没之际，天空中所出现的彩色圆弧。“见”是“现”，雨后的天空若云

油桐雄花凋落如雨

薄漏日，阳光穿过雨影，天上即现出七色彩虹。《七十二候歌》中唱道：“虹桥始见雨初晴。”这是因为清明新雨后的天空粉尘最少，天空最清，因此才看得到彩虹。

作为时序标志的清明节气，早已被古人所认识。而清明作为一个节日，则到唐代才形成，其缘由却还是寒食。唐宋两代类书《初学记》《太平御览》都只有寒食而无清明，清明节扫墓的习俗就是来自寒食。

清明为节，还有一个重要内容，是上巳。

上巳节古时在农历三月初三举行，主要风俗有踏青、祓禊（即临水洗浴，以祈福消灾）。

《论语》曰：“暮春者，春服既成，冠者五六人，童子六七人，浴乎沂，风乎舞雩，咏而归”，说的就是上巳节。

融合了两个古老节日精华的清明节，经唐宋之后，形成一个以祭祖扫墓为主、上巳踏青等活动为辅的传统重大春祭节日，与春节、端午、中秋并称为中国传统四大节日。

寒暑交替，四季轮回，中国人对待二十四个节气从来都不是一视同仁的。唐王泠然在《寒食篇》中写道：“秋贵重阳冬贵蜡，不如寒食在春前。”就是说，寒食节的重要程度，超过重阳节和腊月的腊祭。《左传》云：“国之大事，在祀与戎……神之大节也。”国家的大事，在于祭祀和战争。祭祀，是人神交往的时刻。“春令有常候，清明桐始发。”白桐树在这样的日子，绽放出一树繁花，又凋零成一片伤感。风清景明的清明，也是每个中国人慎终

山间油桐树

追远、缅怀亲人的时候。

在无数个平凡家庭里，他们默默地祭奠祖先，回溯已经逝去的漫长时间。他们为记忆里渐行渐远的先人，上了一炷香。这也是他们与先人阴阳隔世的沟通方式。

春山如黛，恰如思念绵延不绝；风过无痕，如同生命来了又去。在阴阳之间的对话中，他们一点一点再次捋清自己身上的根脉。

除了祭祀，清明还有更多重的文化意义。

江南一带的人，清明时采摘新鲜的艾草，碾压成汁，放入石臼和糯米一起捣，再包裹进豆沙或者莲蓉馅，做成青团。

客家人用糯米粉混合艾草做成艾粄，上火蒸熟，无论是清香的口味还是碧绿的颜色，都与青团如出一辙。

福州人做清明粿用的是波波菜、肉馅或者甜馅。

闽南人清明吃薄饼，用麦面烙饼，配笋、豌豆、粉丝、豆干、鱼、虾仁、海蛎等，蘸酱吃。林语堂认为，薄饼是天底下最好吃的东西。

清明，是每个中国人心里一个化不开的情结。

虽然我们大多数人已经远离土地，但节气糅合了气候、稼穑、文字、饮食，让我们在忙忙碌碌的生活中，重温一段远去的光阴，铭记起长眠青山的亲人的面容。

谷雨

夜里一场雨，打湿了福屿早市路边的那几棵楝树。

晨起买菜的时候，细雨仍未停歇，福屿早市两旁绿荫滴翠，轻雾朦胧。这已是春天的尾声了，春笋、春韭仍还清甜鲜嫩着，但香椿芽的纤维却有了细微的变化。

再包一次香椿猪肉饺子,想吃香椿饺子就得等明年了。

在早市嘈杂的叫卖声中，闻到了一阵清香。一抬头，但见那棵楝树茎干挺拔，婆娑而立，树上飞云垂紫，满树流苏。树下，卖枇杷的摊子周围，落花如同铺了一层薄薄的紫毯——

楝花开落，整个早市，都弥漫着它化不开的香气。

它类似于丁香的味道，但比丁香更为浓郁。俞平伯“文革”期间在河南“五七干校”，第一次见到楝树开花，写下这样的诗句：“此树婆娑近浅塘，花开花落似丁香。”

他也是将楝花比作丁香。

宋人汤恢《倦寻芳》诗曰：“风到楝花，二十四番吹遍。”春夏之交，苦楝花开，如君子践约。楝花谢尽，花信风止，

楝树花开，春暮了

整个春天的花事结束，紧接着，就该是绿肥红瘦的夏天了。

是日谷雨。

这是二十四节气的第六个节气。谷雨的名字，源自古人“雨生百谷”之说。《月令七十二候集解》中说，“三月中，自雨水后，土膏脉动，今又雨其谷于水也……盖谷以此时播种”，故此得名。

农谚说，一年之计在于春，而春天的价值，就在于谷雨。

从春到夏，是雨气越来越壮的过程。春天的雨，从最初的润物无声，到清明时的烟迷湿重，再到谷雨时便不再迷离，变成了清晰的雨滴。

三坊七巷的苹婆

谷雨来临，意味着寒潮天气的结束。此后一天天气温日升，农作物处于最佳的生长期。这是播种移苗、埯瓜点豆的最佳节气。

平畴翠浪麦秋近，老农之意方扬扬。从谷雨起，广袤的乡村，真正进入农忙时节了。

古人将谷雨分为三候：一候萍始生；二候鸣鸠拂其羽；三候戴胜降于桑。

按照古人说法，萍是杨花所化。杨花雪落，飞絮漫天，随风入水，化为浮萍。湖光迷翡翠，草色醉蜻蜓，早春的蝌蚪已经变成青蛙，丰年的愿景已经在蛙声里了。

后五日，鸣鸠拂其羽。鸣鸠即斑鸠。斑鸠有好多种，这里应该指杜鹃鸟，也就是子规、布谷鸟。布谷鸟开始梳理自己的羽毛，其鸣声悦耳，催促农人播种。

再五日，戴胜降于桑。戴胜是一种头上有冠的鸟，它落在桑树上，明代僧守仁在诗中认为“春林暖雨饱桑虫”，这意味着蚕宝宝要出生了。

蚕与禾，决定着农耕社会一年的生养，春不夺农时，即有食；夏不夺蚕工，即有衣。因此，农历三月又被称为“蚕月”。

谷雨，也是春芽采掰的时节，民谚曰：谷雨谷雨，采芽对雨。

古树上的络石

清明出产的茶，称为“明前茶”，谷雨时节采制的春茶，就称“雨前茶”，又叫“二春茶”。

仲春温度适中，天气晴和，加上茶树经半年的休养生息，此时的茶叶芽叶肥硕，色泽翠绿，叶质柔软，富含多种维生素和氨基酸，滋味鲜活，香气怡人。

明前茶与雨前茶，都是一年之中的佳品。

明代许次纾《茶疏》中说：“清明太早，立夏太迟，谷雨前后，其时适中。”按照他的说法，若单论茶的韵味，明前茶是不如雨前茶的。雨前茶的茶芽更加肥大饱满，滋味鲜醇，香气纯正，性强质重。

“白云峰下两枪新，腻绿长鲜谷雨春。”“枪”乃“旗枪”之简称。茶家规矩，一芽之茶为“莲蕊”，一芽一叶为“旗枪”，一芽两叶为“雀舌”。“诗写梅花月，茶煎谷雨春。”如果说，梅花月是世上至美，那么，谷雨春则可谓人间至味了。

谷雨是春天派来辞行的使者。

古人惜春，常作“送春诗”告别春天。唐代贾岛在《三月晦日寄刘平事》诗中写道：

三月正当三十日，风光别我苦吟身。

共君今夜不须睡，未到晓钟犹是春。

贾岛对于春天，是够痴情的了。春日的最后一天，他为春守夜，直到晓钟敲响，才依依不舍送春出门。

春走了，他的魂也走了。

相对而言，宋代的范成大比贾岛要来得淡泊一些，他用一首《蝶恋花》，为我们勾勒了一幅江南水乡的暮春图：

> 春涨一篙添水面。芳草鹅儿，绿满微风岸……江国多寒农事晚。村北村南，谷雨才耕遍。秀麦连冈桑叶贱，看看尝面收新茧。

在广袤的大地上，农人们将岁月的犁铧，煨入大地。春水汩汩，岸边草色一片鹅黄。刚刚耕过的水田，散发着泥土的芬芳。虽然水稻刚刚下种，但漫冈遍野的麦子拔穗了，桑叶也已葱郁起来。

他用这不紧不慢的节奏，写出谷雨农事的有条不紊，以及农人淡淡的满足感。看起来，这一年的农桑丰收有望。

这样的春天，还有什么值得哀愁、值得悲伤呢？

山间的金樱子

立夏

四月步入尾声的时候，下了几场雨。福屿早市路边，树上的楝花已落干净，苦楝树已经满树葱茏了。

往年的谷雨时节，这座南国的城市已经感受到夏季的热情，但今年的暮春，天气却显得格外的温煦。每天早晨行走在路上，雨后空气清新，迎面轻风徐来，阳光看上去灿烂，投射到地面，一下子变成柔和的树影。

春天里种下的那些绿意，已蔓延成一地的葱茏了。

墙边的茂草，树上繁茂的枝叶，满眼都是新鲜且逼仄的绿色。用德富芦花*的一句话说，感到万物的灵殿都在缩小。时雨时晴的天气，小鸟在绿荫深处时鸣时歇，山丹在树下悄然吐蕊。

我喜欢绿篱上清晨带雨的黄婵，驻足凝视，花与叶都有几分静气。

---

* 日本作家，1868—1927。

雨中黄婵

立夏了。

这是二十四节气中的第七个节气。立夏之“夏”，是大的意思。《月令七十二候集解》上说：“立夏，四月节。立字解见春。夏，假也。物至此时皆假大也。”斗指东南，维为立夏，万物至此皆长大，故名立夏。

在天文学上，立夏只是表示春天已去，夏天来临。若按气候学的标准，日平均气温稳定升达22℃以上，才算是夏季的真正开始。

立夏前后，我国其他地方仍是暮春甚至仲春天气，只有福州到南岭一线以南地区，进入真正的夏季。福州的夏天算是到来了。

古人将立夏分为三候：一候蝼蝈鸣；二候蚯蚓出；三候王瓜生。蝼蝈，就是蝼蛄，本科昆虫通称蝼蛄，俗名拉拉蛄、土狗。《逸周书》说：“立夏之日，蝼蝈鸣。”

后五日，蚯蚓出。古人说蚯蚓“阴而屈者，乘阳而伸见也”。蚯蚓是至阴之物，感应到了阳气渐盛，群起出土。

再五日，王瓜生。王瓜，是葫芦科栝楼属多年生草质藤本植物。《图经》说：“王瓜处处有之，生平野、田宅及墙垣，叶似栝楼、乌药，圆无丫缺，有毛如刺，蔓生，花下结子如弹丸。”

王瓜是至柔之物，立夏时，它的蔓藤开始快速攀爬生长，六七月就会结出红色的果实。

我的家乡多乱石杂草，王瓜的藤蔓，就隐藏在这些乱石间的杂草中。到了仲夏，稚童们到山间寻找王瓜，找到它的藤蔓，一拉，就牵出一长串。即使未熟也没有关系，将它埋进米缸，数天就红熟了。

明人高濂《遵生八笺》一书说："孟夏之日，天地始交，万物并秀。"生命成长的秘密，就隐藏在立夏里，连至阴至柔的动植物都鲜活起来，阳气盛极而达，世间万物并秀。

这是一个充满了乡野之气、田园之朴的节气。

这个节气的气韵，深沉而富有生命的博爱。夏收作物进入生长后期，冬小麦扬花灌浆，油菜也接近成熟。夏收的年景，到了此时已基本定局。

南方的茶树这时春梢发育最快，稍一疏忽，茶叶就要老化，正所谓"谷雨很少摘，立夏摘不辍"，要集中全力，分批突击采制。

立夏前后，正是大江南北早稻插秧的火红季节。

范成大在《村居即事》诗中写道："绿遍山原白满川，子规声里雨如烟。乡村四月闲人少，采了蚕桑又插田。"农谚"多插立夏秧，谷子收满仓""立夏看夏"，说的也是这个道理。

立夏到了，但春天离去不远。江浙一带，人们因明媚的春光过去，而未免有惜春的伤感，故备酒食为欢，好像送人远去，名曰饯春。

崔骃在赋里说："迎夏之首，末春之垂。"吴藕汀《立

石榴花红

夏》诗也有："无可奈何春去也，且将樱笋饯春归。"

立夏日，各地都有"做夏"的习俗。杭州人立夏吃乌米饭，苏州人"立夏见三新"（樱桃、青梅、麦子），福州人吃鼎边糊做夏。

鼎边糊是福州著名风味小吃，立夏过后，就要进入农忙时节了，福州人便会煮一锅鼎边糊，邀请邻居一起品尝。

福州古语说，"金厝边银乡里"，吃过一碗鼎边糊，平日里所有的磕磕碰碰、恩恩怨怨一笑而过，邻里之间的情谊更深厚了，农忙时可以互相搭把手。

山间枇杷熟了

立夏时，已有新生的果实让人们尝鲜了。

我家小区背后的福屿早市上，暮春黄熟的枇杷犹在源源不断地送来，李子、葡萄、樱桃、青梅、杨梅以及早熟的荔枝，已经迫不及待上市了。宋代梅尧臣有诗曰："王瓜未赤方牵蔓，李子才青已近樽"，写的正是此时的时令。

青梅与李子，都是福州永泰的著名特产。

每年十二月底一月初，永泰的山川原野，都会有一场声势浩大的梅花雪，而二月底到三月初，又会有一场更为壮观的李花雪。春天的梅花、李花到了初夏，都变成诱人的果实，累累垂垂挂在枝头。

青梅的味道酸酸甜甜，正是初夏的滋味，也最讨文人欢心。白居易在一首诗中，写尽了青梅的妙处：

夏早日初长，南风草木香。肩舆颇平稳，涧路甚清凉。
紫蕨行看采，青梅旋摘尝。疗饥兼解渴，一盏冷云浆。

——《早夏游平原回》

在宋人汤恢的诗里，季节到了谷雨，风到楝花，二十四番吹遍。楝花谢罢，整个春天轰轰烈烈的花事，似乎就结束了。

《红楼梦》第63回，抽花名签行酒令，麝月抽到的是荼蘼花签，"韶华胜极"，"开到荼蘼花事了"，意味着三春过后诸芳尽，良辰美景也将远去。

人们不舍春天，因为春天总是妖娆的。

各种花儿纷乱地开，人们总是希望可以开得久一些，浓一些，总是不希望看到花儿离去。

在人们的心里，春天走了，迎面而来的全是凉薄，似乎连心疼都不再热烈了。春的逝去，让人们再次感受到了时光的荏苒，岁月的无情。

春天走了，是不是就将所有的良辰美景，全都带走了呢？

庄子说，天地有大美而不言。春夏秋冬，犹如时光的纬编，每一个季节，都璀璨无比，都是庄子所说的大美。

而物候间的转化，以五日为计，说明天地之气的变化，灵敏而又快速。它承载着土地上的稻香谷黄，引导着农人的春播夏收，也润泽着文人的跳跃诗行。

春天是新生的美，生命从无到有。而夏天的美，是孕育的美，成长的美，生命从有到长，从小到大，它孕育着生命，惠及了众生。

莫怪岁月无情，也许，我们该自省的，是自己对于光阴的变幻置若罔闻。

秤锤树开花了

小满

我在连江贵安的山野，听到了子规的啼声。

清晨的雾霭刚刚随风散开，一只子规鸟划过天空，从头顶掠过，投向了对面的山林。于是，那片林子里便响起这一阵高亢的子规声。

李时珍写过类似的文字，说子规的啼鸣“至夏尤甚”。不仅昼夜不止，而且其声哀切。但在贵安初夏的山野，我却听不出一点哀切凄凉的况味，反而听出它对季节的悠悠深情。

走在坡西村的村道上，草叶上还残留着昨夜的雨水。

连续几天断断续续的小雨，将坡西村的山野淋得湿漉漉的，潮湿的空气中，混杂着青草与泥土的芬芳。群山俯首，云气氤氲，三两农人荷锄田间，继续着未竟的农事。

路边农家的菜园里，菜叶青青，蚕豆结荚，一派生机盎然的景象。

久居城市，看到菜园里这些欣欣向荣的蔬菜与豆蔓，竟然有一种邻家小女初长成的感觉，心里顿生一种美意。

小满，本是节气中的字眼，却给了我一种小富即安、小胜即喜、知足常乐的联想。

是日小满。

这是二十四节气中的第八个节气，元人吴澄在《月令七十二候集解》中说："四月中，小满者，物致于此小得盈满。"

北方冬小麦等夏熟作物的籽粒开始灌浆饱满，但尚未成熟，只是小满，到了下一个节气芒种才会熟透。

而在南方，"小满小满，江河渐满"，稻田里的稻子，仰颈企盼着雨水的润泽，落雨虽未及大落，但稻田里的水已将近盈满。

开花的三裂叶薯

吴澄笔下的小“满”，既是指北方麦粒的饱满，也是指南方雨水的丰盈吧。

这是一个值得憧憬与努力的节气。

小麦将熟，河水渐盈，枇杷、荔枝、青梅、杨梅等夏果趋于饱满。节气里的每一个日子，都如从新月看满月，一日日地崭新，一日日地丰满；又如从含苞看盛放，每一天多一点芬芳，每一天都小得盈满。

物致于此小得盈满，大概也就是七分满的样子吧。

据说日本传统赏樱时节，根据樱花的开放程度，分为三分、七分和满开。在这三个时间点，樱花的姿态最为不同，而最美却在七分。

为何不是极致的满开最美？

想来也许是花到荼蘼，满心的期盼都有了定数，刹那间，这芳华也离凋零不远了。

而七分开的将至未至，带着眼前的娉婷，带着满开的念想，确实是最迷人的了。

根据古人候应之说，小满分有三候：一候苦菜秀；二候靡草死；三候麦秋至。

苦菜，是中国人最早食用的野菜之一。《诗经·唐风·采苓》说：“采苦采苦，首阳之下。”这个“苦”，指的就是苦菜。

也有人认为，苦菜秀中的苦菜，指的是狗尾巴草。

因为，狗尾巴草对节气变化的反映非常敏感，一到小满节气，便吐穗开花，生长成熟，用古人的话来说，叫作“感火之气（指天气炎热）而苦味成”。

又因为狗尾巴草的花太小，观察不到明显的花瓣雌雄蕊，却见到它能结实形成籽粒，“不荣而实”，谓之“秀”。

后五日，靡草死。每年一到小满，大地上的众草就到了生长繁茂的时期。但是，靡草却偏偏与众不同，每到小满节气，靡草大片大片开始枯萎。

再五日，麦秋至。古代，农人将农作物成熟的时期，称为“秋”。在最早的先秦史书《逸周书》中，“麦秋至”本为“小暑至”，金元之后，“小暑至”才改为“麦秋至”。

麦浪涌动，麦气香远，小麦快到了收获的季节。

农历四月，是水气丰沛的季节。

天气清新和暖，偶尔伴着雨，让人觉得温润又恬淡，因此，被叫作清和月。

“麦天晨气润，槐夏午阴清”（宋赵师民诗）。此时的乡村，到处芳草如茵，枝繁叶茂。老槐树上黄白色的小花缀满枝头，一眼望去，是一片浅淡的槐花云影，故四月也称槐月、槐夏。

小满节气，桑叶翠绿，桑葚绛紫，也是采摘桑葚的季节。

农人们把桑葚晒干储藏，或者用桑葚榨汁，和上蜂蜜、生姜汁，煮成膏状，放在瓷罐中。到了农历四月十五，打开瓷罐，清香扑鼻，和酒一起兑成桑葚酒。

桑葚红了

因为桑葚，农历的四月又有了一个诗意的名字：桑月。

小满，又是一个充满哲理与智慧的节气。

在二十四节气中，有小暑必有大暑，有小雪必有大雪，有小寒必有大寒，而有小满，却独缺大满。

《菜根谭》说："欹器以满覆，扑满以空全。故君子宁居无不居有，宁处缺不处完。"

"欹（qī）器"，是古时候用来计时的一种工具。欹器供于太庙之上，里面注水，水满了，就会发生翻转，这叫"满则覆"。

没有大满，只有小满，这是儒家信奉的中庸之道，忌讳太满、大满。

不满，空留遗憾；过满，则招致损失。水满则溢，月盈则亏，这是自然之道，亦是中国人的人生至哲。

七分的时光，正是韶华盛时，再往后，就是直入巅峰的盛夏了。

以小满冠名节气，也承载着农耕民族对于自然规律的敬畏。

小满，承接着春天的成长之美，在夏天撑开收获的翅膀。冬季作物的收获在这里展开，夏收作物在这里加油。它蓬勃，却不曾极致；饱满，却懂得厌足。

从小满到芒种，离成熟看似几步之遥，但可望而不可即。必须满怀热情，勠力经营，才能在芒种时节，化为年景丰稔的“大满”。

小满，一切都圆融敦厚，一切都丰润恩慈。

手里握着的是小满，心里期待并为之努力的，一定是那个圆满。

夏日古寺

芒种

今年端午的前一天，恰好就是二十四节气中的芒种。

南方的雨季放晴，忽而已是夏天了。楼下新建的地铁口广场，匆匆过客来来往往，已经是夏天的穿着了。

公司的背后，是一条古老的洗马河，河岸两边的老榕绿叶翠蔓，弥天蔽日。越过洗马河，就是新修的加洋湖公园了。

加洋湖里的荷花，尚未完全绽开。但一塘芰荷，已在湖面上郁郁葱葱地舒展开来。叶间的菡萏犹如繁星，又仿佛是躲在田田荷叶下少女闪烁的眼神，那种含羞带怯，让过路人没来由地心疼。

洗马河边茂密的榕树上，首次听到茅蜩的鸣叫。

有人在洗马河边钓鱼，新建的木栈道上，垂钓者的背影像一尊尊塑像。真是佩服垂钓者的耐性。

“芒种”一词，最早见于《周礼·地官·稻人》：“泽草所生，种之芒种。”对于这句话，东汉郑玄的解释是：“泽草之所生，其地可种芒种。芒种，稻麦也。”

这是二十四节气中的第九个节气。

在这个季节，乡村里的农人可不会有城里垂钓者那样的闲情，《月令七十二候集解》说，“五月节，谓有芒之种谷可稼种矣”。种之曰稼，敛之曰穑，自南到北，芒种节气，是农事最为繁忙的时节。

南方的水稻要抢种，北方的麦子要快收。没有哪个节气像芒种这样，让人们同时分担、分享稼穑的愉悦与艰辛。

芒种节气与端午节相距不远，端午节在我的家乡，称为五月节。五月节的第三天，乡村里家家户户都在磨新麦，煎面饼。

粽子

使君子花

我的家乡是个海岛，产粮不多。

同样的种子，同样的阳光雨露，会因地域、气候的不同，而演绎出丰收的喜悦，或是歉收的愁哀。

但是无论收多收少，这一天，对于孩子们来说，都是值得期待的。哪怕最后只是吃到一角加了一点白糖的素面饼，也会让他们铭记终生。

芒种节气，古有所谓三候：一候螳螂生；二候鵙始鸣；三候反舌无声。

螳螂，是童年常见之物。芒种时，螳螂在山野间出现了。鵙（jú），有人说是“劳燕分飞”的伯劳鸟。它虽和部分伯劳鸟一样，有黑色眼枕，却不是伯劳鸟。

反舌，也作“百舌”。春天，是反舌鸟最活跃的时候，鸣声宛转，高低抑扬。有些人嫌它啰嗦，到了芒种，它干脆就不叫了。

三候之外，我喜欢到别人的院子里看月季花。

下了雨的向晚，月季树的花落下来，绵软细密，是《庄子》里说的天籁。立在花下，岁月细密，花与人皆静。那是我悠长而又寂寞的童年。

芒种三候，说的都是阳气旺盛，而阴气渐生。这种现象，反映在自然界，则表现为万物繁茂而雨水渐多，南方，进入了多雨的黄梅时节。

八百多年前，南宋的范成大在这样雨后放晴的梅雨季，写下了这样的诗句：

窗间梅熟落蒂，墙下笋成出林。

连雨不知春去，一晴方觉夏深。

石湖居士是有名的梅痴。他喜欢在窗前种梅树，夏，可尝青梅，冬，又能观赏梅花。那一年的晚春，雨下得持久，断断续续地一直持续到夏天。天一放晴，他才发现窗前的梅子熟落，墙角下的竹笋，也长成了竹林。春天不知在什么时候早已结束。一抬头，原来门外已是夏天了。范成大将这首诗叫作《喜晴》，下了这么长时间的雨，他的心田都长出木耳来了。

永泰黄芩开花

但写梅雨写得最好的，还是被宋人称为“贺梅子”的贺铸。

贺铸被称为贺梅子，皆因一首《青玉案》：

> 一川烟草，满城风絮，梅子黄时雨。

贺梅子的词雍容妙丽，极幽闲思怨之情，为人却豪爽精悍。很多人知道《青玉案》，却不知他还有一首《感皇恩》（亦称《人南渡》）：

> 回首旧游，山无重数。花底深朱户，何处？半黄梅子，向晚一帘疏雨。

贺梅子就是贺梅子，仅一句“半黄梅子，向晚一帘疏雨”，也称得上梅子词中的绝唱了。

古人将农历的五月，叫作“皋月”。

皋的本意，就是湿，五月湿气最重。芒种，端午，品物咸章。雨水足，绿意浓，酷暑难耐的夏天，就要来临。

但在南方，仲夏，也是一个丰饶而且热情的节气。

路边的黄婵与龙船花，一枝枝一簇簇开得艳丽。空气中弥漫着栀子花、白兰花、茉莉花馥郁的芬芳。凌霄满篱，朝槿露葵，梅子黄熟，荔枝恰红。

这样的季节，也许用白居易的一句诗来总结，最为熨帖：“无客尽日静，有风终夜凉。”

心静自然凉，保持一颗平常心，日子便过得闲适恬静、顺遂安宁。

夏至

六月霏霏的梅雨中，夏至翩然而至。

窗外的雨，下下停停，停停下下，楼下池里的蛙鸣，唱了一夜。

六月的天气，说热还不是那么炽热，雨水说多也还不是下得那么豪迈。南方梅子黄熟，荷香阵阵。

想起旧时家乡的六月，也是这样时断时续的雨。

门前的君山，万涓细流汇成白练般的一条溪，从山上一座座山峦蜿蜒盘旋，渐次跌将下来，到了村子下面，变成一口深潭。

溪边的水田插了秧，苗稀水涨，流水汩汩有声。白鹭在牛背上悠闲栖息，不知从哪儿感受到了一丝危险的气息，忽地便从牛背扑棱棱飞起，溅得放牛娃一脸微凉。

牵牛花在墙头开出湿漉漉的花。水汽氤氲中的君山，深灰重绿。

远处只闻人语，不见来人。时光的流逝，总是让人唏嘘。

夏至了。

这是二十四节气的第十个节气。夏至之“至”，是一个象形文字。它就像那只白鹭，从高处飞下，在灌木丛中躲雨；又像一支白色的箭矢，射落在地上，有到达或者极点两种意思，因此《恪遵宪度抄本》上说夏至：“日北至，日长之至，日影短至，故曰夏至。至者，极也。”

从天文学上说，夏至日，太阳直射地面的位置到达一年的最北端，几乎直射北回归线。此时，北半球各地的白昼时间，达到全年最长，也算是“极”了。

而在中国阴阳五行学说中,宇宙间有两大势力,一为阳,一为阴。阴阳互相消长，《易经》中乾卦的卦辞“上九，

牵牛花

雨中小院的荔枝树

亢龙，有悔”，对应的就是夏至。

夏至，就是天道阴阳的转折点，阳气在这一天，强盛到了极点。而盛极必衰，阴阳转换，阴气也从这一天开始滋长。在雨水涟涟的南方，房子不仅会发霉，甚至路边墙角都会长出蘑菇木耳来。

古人将夏至分为三候：一候鹿角解；二候蝉始鸣；三候半夏生。

麋与鹿虽属同科，但古人认为，鹿的角朝前生，所以属阳。夏至日阴气生而阳气始衰，所以阳性的鹿角，便开始脱落了。而麋因属阴，所以要到冬至日阳气滋生，麋的角才脱落。

后五日，蝉始鸣。雄性的知了在夏至后，因感阴气之生，起了凡心，便鼓翼而鸣，想找一只有耳缘的雌蝉谈谈“蝉生”。

再五日，半夏生。半夏是一种喜阴的药草，因在仲夏的沼泽地或水田中出生，所以得名。

在炎热的仲夏，一些喜阴的生物开始出现，而阳性的生物却开始衰退。

夏至，是中国的二十四节气中，最早被确定的一个节气。公元前七世纪，周人用土圭测日影，便确定了夏至。

夏至时节，正值麦收。古代，夏至又称“夏节”，是一个重要的节日，古人在这天庆祝丰收，祭祀祖先。《周礼·春官》载："以夏日至，致地方物魈。"周代的百姓在夏至祭神灵，希望能清除荒年、饥饿和死亡，既感谢天赐丰收，又祈求获得"秋报"。

《吕氏春秋》中也有记载，当早黍于农历五月登场时，天子要在夏至时，举行尝黍仪式。一起尝食角黍（粽子），被认为是一种欢庆丰年、感谢自然的标志。

这是一个质若翡翠的夏天。

福屿早市上，夏果已经上市。甜瓜、樱桃、荔枝、蜜桃、李子、龙眼，雨中的早市，五颜六色，琳琅满目。夏果成熟的农历五月，古人称之为"皋月"。日本人至今，还是将五月叫作"皋月"。

为什么叫它"皋月"呢?

"皋"的原义，是水边之地的意思。唐朝诗人王绩一首五言律诗《野望》中，便有"东皋薄暮望，徙倚欲何依"的诗句。而日本人的皋月，也叫早苗月，就是开始插秧的意思。

无论是水边之地还是插秧，总之农历的五月，跟"湿"字有着某种必然的关联。

这期间，南方暖湿气流活跃，与从北方南下的冷空气，在福建、两广以及海南交汇，比江南还南的南国，出现持续、大范围的降雨。

紫薇花开

窗外的雨依然时下时歇，芭蕉笃笃，蛙声时鸣。

夏天总是来得很快，也许在这场雨后，也许在一夜之间，天气就热起来了，然后花就都开了，草木也都绿了，一切便都跟着活了起来。

小区临水的凉亭两侧，龙舟花花团锦簇。午后下了一场暴雨，经雨的花瓣，细细碎碎的，显得格外干净、神气。

龙舟花未开时，很像一根根微型的细簪。待到开放之后，四片花瓣平展成一个个小“十”字，又像一颗颗骄傲的小

南国的龙舟花

星星。无数个小星星凑在一块，犹如一团橙红色的绣球。

南方的雨季，叫“龙舟水”，一直怀疑龙舟花的名字与此有关。福州人叫龙舟花为山丹。山丹的“丹”字，大概是指它的颜色吧。

龙舟花花色丰富，有红、橙、黄、白、双色等。但我在福州，见到的都以红、橙双色为主，叫它山丹，也是贴切。

门口小公园里，夹竹桃已经繁花满树了。

走过街角，忽然闻到一阵花香，那是白兰花的花香。夏日到来，路边的老榕愈发葱郁，华盖如伞，投下大片的阴凉。

想起电影《了不起的盖茨比》里的一段台词：

> 眼看着阳光明媚，树木忽然间长满了叶子，就像电影里的东西长得那么快……觉得生命随着夏天的来临，又重新开始了。

生命里总有许多东西渐渐忘却，也总有许多故事重新开始。

我爱夏天。

或许我真的爱过夏天。或许是爱夏天里那个怀念着的村庄，那段岁月，以及那个无忧无虑的童年。

小暑

端午之后，南方进入雨季。

接连不断的雨天，雨水笃笃地敲打着楼下海芋宽厚的叶子，在静谧的深夜，听起来犹如寺院的木鱼声，让听雨的人昏昏欲睡，心生怠意。

这个时节，正是海芋结籽的时节。

海芋的果实像什么呢？像小了不止一号的红玉米——经雨之后，在绿油油的宽叶映衬之下，鲜红欲滴，煞是诱人。

直到上个周末，天色忽而放晴，气温一下骤升。接下来的几天里，子规的叫声变得愈来愈远，似在天边。阳台上的一盆米兰，悄然结满了米粒大的花蕾，每天清晨打开房门，花香伴着一股热风扑面而来。

茂密的树荫里，蝉噪四起，真正的盛夏来了。

明日小暑。

这是二十四节气中的第十一个节气。《月令七十二候集解》："暑，热也，就热之中分为大小，月初为小，月中为大，今则热气犹小也。"

院里的荔枝红了

暑，东汉刘熙的《释名》这样解释：暑是煮，火气在下，骄阳在上，熏蒸其中为湿热。小暑为小热，预示着南方的梅雨即将结束，而闷热的伏天也即将到来。小暑只是小热，更热的大暑还在后头。

我国古代将小暑分为三候：一候温风至；二候蟋蟀居宇；三候鹰始鸷。

温风至，是说小暑时节，大地上便不再有一丝凉风，所有的风中都自带热浪。

后五日，蟋蟀居宇。《诗经·豳风·七月》这样描述蟋蟀："七月在野，八月在宇，九月在户，十月蟋蟀入我床下。"诗中使用的是周历。周历以农历十一月为正月，故这里的"八月"指的是农历六月，即小暑节气。

由于炎热，蟋蟀离开了田野，到庭院的墙角阴凉处避暑。

再五日，鹰始鸷。鸷作名词，指如鹰、雕、枭等猛禽；作形容词，指凶猛。老鹰因地面气温太高，选择搏击长空，变得更加凶猛。

清代恽格在《瓯香馆集》一题画跋中写道："春山如笑，夏山如怒，秋山如妆，冬山如睡。"这句话，源自宋代画家郭熙的画论，"春山淡冶而如笑，夏山苍翠而如滴"，恽格只是将郭熙的夏山"如滴"改为"如怒"。清代医家陆以湘说："摹雨后之景，'滴'字为胜；若当晴杲炎赫之时，'怒'字尤肖其真。"意思是说，雨天用"滴"恰当，若是赤日炎炎，用“怒”字更为形象贴切。

到了小暑节气，南方的夏天是恣意狂放的，极少有拖泥带水的天气。

老天把最浓烈的阳光，送给了南方，送给了夏天。

炽日当空，热浪灼人，万物都现出昏然欲睡的神态。只有伟岸的绿树，擎着蓊蔚伞盖，投下一片阴凉。

刚刚还是晴空万里，转瞬间，一阵大风刮过，蓝天浮出几片闲云，挡得阳光不再明亮。俄而，便有连绵乌云奔腾扑来。忽地一声惊雷，顿时，哗啦啦泻下倾盆大雨。

一阵急骤酣畅的暴雨过后，洗濯过的山间田野，不仅弥漫着泥土与花草混合的幽香，而且还焕发着浓酽、舒润、勃达的绿色。

无论是雨中山林青翠“如滴”，还是日午骄阳炽热“如怒”，说的都是一个季节的精神吧。

盛夏的意趣，就在于盛，在于怒，在于激情，在于放纵。

冯骥才说，女人们孩提时的记忆，散布在四季，男人们的童年往事，大多是在夏天里。

对于精力旺盛的男孩，夏天，意味着一个长长的暑假，一段可以无法无天逍遥的日子。

夏天有凉爽的海风，清凉的海水。可以戏水，泛舟，垂钓。农家院里，有开着白花、黄花的葫芦瓜、丝瓜的瓜棚。厝边有苦楝树浓密的阴凉。

树上有潮水般鸣叫的知了。山上的杂树中有金龟子。

歇息的蜻蜓

村下溪流的沙汀上，有大眼睛的蜻蜓。夜里的山谷里，有打着灯笼搞对象的萤火虫。

冯骥才在他的《苦夏》一文中又说：

> 在快乐的童年里，根本不会感到蒸笼般夏天的难耐与难熬。惟有在此后艰难的人生里，才体会到苦夏的滋味。

我们现在不再忍耐这高温的炙烤，市声的躁动。也许只是失去了激情，不想再去浪费生命的缘故吧。

很喜欢北宋进士苏舜钦写的那篇《夏意》：

> 别院深深夏簟清，石榴开遍透帘明。
>
> 树阴满地日当午，梦觉流莺时一声。

这是农耕时代一位罢职之后闲居苏州的文人的夏意。它给我们描绘了一个夏日虽炎、午睡却安的中午，尤其是最后一句“梦觉流莺时一声”，让诗人在莺歌中醒来，反衬出梦醒后的宁谧与舒适，印象最是深刻。

这样的夏天，哪里还是现代人眼中的“苦夏”呢？分明是农耕年代一种舒适怡人的精神享受了。

古往今来，生命的荣华在夏天。山，葱翠欲滴，水，酣畅而下，夏山如怒，热力无边。夏天留给我们的，曾经是最丰富多彩的岁月印记，也是充满力量的生活源泉。

也许，我们所缺少的，正是苏舜钦那种看淡而不看透、那种闲适的生活情志与旷达的心境罢了。

大暑

今年入梅晚，出梅也晚。好不容易盼来了 5 号台风，可台风快到福州的时候，临时改变主意，去了日本。

于是，这个南方的城市，气温骤升。

转眼间，便到了大暑节气。

阳光一天天变得晃眼。窗外的洗马河边，大片大片的树叶都绿得凶猛，树下的青草，野蛮地向远处伸展。

草间三种两种的野花也开得放肆，草木知晓夏季将尽，在发泄着最后的疯狂，整个世界，似乎都在明亮的色调里膨胀。

草木知秋，再过十五天，便是立秋了。

大暑，这是二十四节气的第十二个节气。

大暑夏杪，一年过半。因为这是夏天最后一个节气，古人称大暑为夏杪。

暑气檐前过，蝉声树杪交。杪有两层意思，一个指树梢，一个指年月、季节末尾。

按照古人的说法，大暑所对应的候应有三：一候腐草为萤；二候土润溽暑；三候大雨时行。

腐草为萤。“萤”，就是萤火虫，又名烛宵、耀夜。古人认为，萤火虫是腐草变的。《礼记·月令》说“季夏三月……腐草为萤”，《格物论》也说“萤是从腐草和烂竹根而化生”的。

在古人眼里，萤火虫是有灵性的昆虫，哪怕小草腐烂了，它们也可以像梁祝化蝶般重生。空山飞流萤，绕竹光复流，它是神秘之虫，也是大暑迎接立秋的诗意之虫。

后五日，土润溽暑。溽就是湿。大暑天气，潮湿又闷热，天地犹如一个大蒸笼，蒸得人毛焦火辣，因此称“溽”。

再五日，大雨时行。六月天，孩儿脸，明明还是骄阳高照，忽然就乌云压城，大雨滂沱。雨势骤停，空气里的热不仅散之不尽，反倒更添了一份潮闷。

大暑节气，正值“三伏”中的中伏，这是我国一年中日照最多、气温最高的时期，全国大部分地区干旱少雨。

而在华南、西南，虽然高温天气频繁出现，但雨水却最丰沛，雷暴也最常见，这是雷阵雨最多的季节。

谚语说“东闪无半滴，西闪走不及”，意思是说，在夏天午后，闪电如果出现在东方，雨就不会下到这里，若闪电在西方，则雨势很快就会到来，想躲都来不及。

根据大暑的热与不热，有不少预测后期天气的农谚。

有预测短期内天气的：“大暑热，田头歇；大暑凉，水满塘”；有预测中期天气的：“大暑热，秋后凉”；也有预测长期天气的：“大暑热得慌，四个月无霜”“大暑不热，冬天不冷”，等等。

这些直白易懂的农谚，体现了中国漫长的农耕文化积累的智慧。

越过洗马河，隔着几栋楼房，看得见加洋湖的几十亩荷塘。

看荷花，尽量要在清晨。

席慕蓉在一篇文章中说，盛开的荷，是容不得强烈阳光的。不然的话，开得再好的荷，也会慢慢合拢起来，不肯再打开了。

等到第二天清晨，重新再展开的花瓣，无论怎样努力，也不能再像第一次开放时那样饱满，那样有活力，那样肆无忌惮了。

今年的大暑，是农历六月廿一，再过三天，便是古人的荷花生日（“荷诞”）了。

所谓“荷诞”，其实就是古人的观莲节。这个节气的荷花开得最盛。《吴郡记》说：

> 荷花荡，在葑门之外。每年六月二十四日，游人颇盛……擷莲菂数十枚，煮之为羹，略和糖霜，清隽鲜美，足以糟粕一切。

文中的“莲菂”，就是从莲蓬上新剥的莲子。

从没到过湖里摘过莲蓬，每天清晨，我只喜欢临窗而

加洋湖雨中荷花

立，远远地赏着花看着叶，风来摇曳，画意自饶。看着看着，便有了一丝凉意。

窗台上，还有一盆茉莉开得正盛。

福州是茉莉之城。据南宋福州人郑域《郑松窗诗话》的讲法，茉莉是在汉代随同佛教传入东南佛国——福州的。

福州人至今仍叫茉莉为“苜莉”。种“苜莉”，已经有两千多年历史了。

福州的夏季，气候湿热，光照充足，土质疏松且肥沃，最适合茉莉生长。古书上说：“闽广多异花，悉清芬郁烈，而茉莉为众花之冠。”茉莉大抵是喜欢这样溽热天气的，

茉莉花

香气浓郁，却又清远，沁人心脾。《武林旧事》曾写到南宋临安府皇帝的水殿，布满香花，用风轮鼓风，花香便送入了殿内，“初不知人间有尘暑也”。

花香也能消暑吗？

花香也许不能使气温下降，但可以让人心静。心若静了，愉悦了，凉意自生。

大暑天，每一寸阳光都是炙热的。

古人没有今人的冰箱、空调，对付炎热，用的是最原始的手段，以及一份闲适、从容的心怀，就像白居易在《夏日闲放》诗中说的那样：

荷花茶

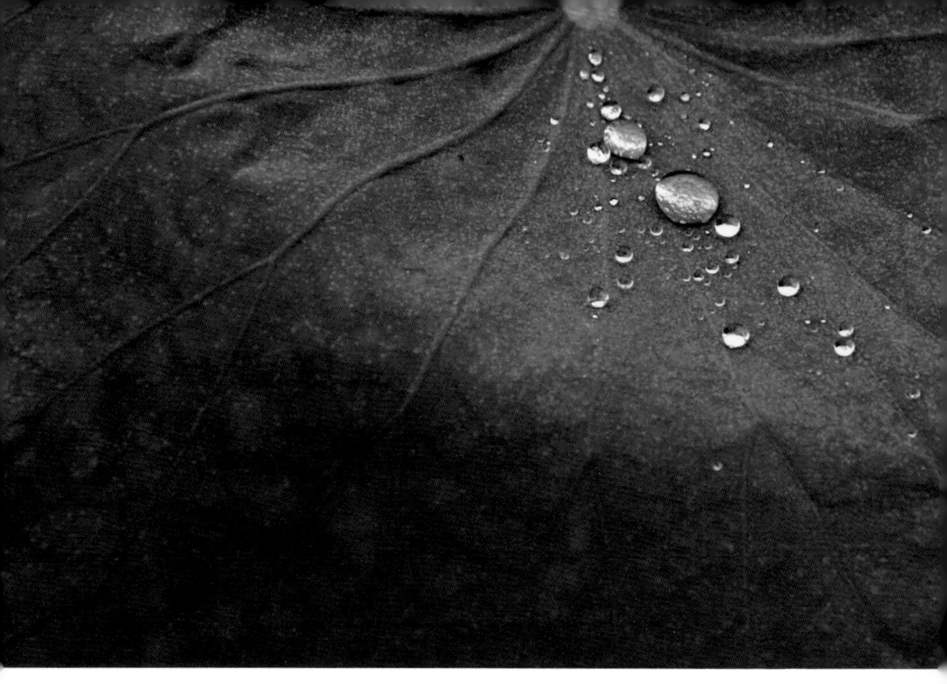

荷叶

静室深下帘，小庭新扫地。

……

朝景枕簟清，乘凉一觉睡。

午餐何所有，鱼肉一两味。

今人看来简陋的享受，已经让诗人觉得“吾今太富贵”了。

宋人曾几也有《大暑》诗，他的消暑办法，亦无非是“经书聊枕籍，瓜李漫浮沉”，尤其是诗的最后一句，“炎蒸乃如许，那更惜分阴”，一个“乃”字，表达了他对炎热的无视；一个“惜”字，惜的却是一去不复的光阴。

再热，再难熬，也不能烦躁，也还是要珍惜。这样的诗句，读来真让人“心有戚戚焉”。

立秋

立秋日，凌晨四点醒来。

窗外天色犹暗。不知不觉中，夜已变得越来越长了。夏日里叽叽喳喳的鸟声未起，城市尚在酣睡，未从睡梦中醒来。

开门走向阳台，小区里白色的路灯犹亮，透过树影，如雨滴下漏。阳台上的几盆吊兰，叶子上夜露瀼瀼。抬头望天，暗淡的蓝天，几朵闲闲的云彩，在城市灯光的映照下，像一群洁白且闲散的羊群。

迎面吹来的风热力犹存。

蒲葵高大的树冠在空中微微颤动，发出沙沙的声响。这声音，是在为今年的夏天送行?

盼望中的秋，总算来了。

这是二十四节气中的第十三个节气。《月令七十二候集解》上说："秋，揫也。物于此而揫敛也。"秋，就是揫，其本义是收拢、收聚的意思。万物到了秋天，都转为收敛的状态。

对于农家而言，立秋的到来，意味潋潋春华，走到了秋实。寸草结籽，瓜果飘香，南方的水稻，正在慢慢黄熟。

对于生活在水泥钢筋里的城市居民来说，秋的到来也是一件大事。尤其在南方，经历了漫漫炎夏，积攒了一季的溽湿，秋的到来，更是给怕热的人一种心灵的期许与惊喜。

识尽夏日愁滋味，却道天凉好个秋。

立秋三候：一候凉风至；二候白露生；三候寒蝉鸣。

凉风，指微寒的风，这里特指初秋的西南风。李白在《秋思》中说："芜然蕙草暮，飒尔凉风吹。"

谁也不知道第一阵的凉风从何而来，第一缕的秋色就爬上了叶子，这一切，都在立秋节气中悄无声息地发生。暮草不知不觉黄了，秋凉不知不觉来了。

后五日，白露生。水土湿气凝而为露，秋属金，金色白，白者露之色，而气始寒也。东汉刘熙的《释名》释露为"虑"。草木感知一年一度将凋零而忧，由此"露红凝艳数千枝"。这是一种壮美的悲怆。

再五日，寒蝉鸣。蔡邕说："寒蝉应阴而鸣，鸣则天凉，故谓之寒蝉也。"秋凉后，夏蝉也变成了秋蝉。秋蝉发声困难，知生命将尽的变声凄切。

上班路上，捡了两片黄叶。

应该是鹅耳枥的落叶吧，尽管是南方城市，有些树种

秋实

已经开始落叶了。青桐的叶，乌桕的叶，秋枫的叶，鹅耳枥的叶。

《淮南子》说，见一叶落而知岁之将暮。立了秋，树木总是要落叶的。后来的唐人说，“山僧不解数甲子，一叶落知天下秋”。山里的僧人，从一片落叶便知道天下已是秋天。

云天收夏色，木叶动秋声。

立秋作为秋季开始的节气，实际上，就是暑与凉的过渡。这一片落叶，是秋凉的消息，是季节派来的信使。

蒋勋说，生活的美学，是对过去旧有延续下来的秩序，

古田水蜜桃

有一种尊重。

但这种尊重，有时候却被我们自己遗忘了。

蒋勋又说，美应该是一种生命的从容，应该是生命中的一种悠闲。

倘若今人也能如古人一样，留心观察万物的变化，是不是也会觉得从容，觉得悠闲，觉得这个世界意味无穷呢？

“感时花溅泪，恨别鸟惊心。”对于心思细腻而又敏感的古代文人而言，秋字，落在心上却成了愁。一片落叶飘零，半夜风吹梧桐叶，也能勾起他们的离别之情。元人徐再思在〔双调〕《水仙子·夜雨》中写道：

> 一声梧叶一声秋，一点芭蕉一点愁，三更归梦三更后。

梧叶一声落地，雨打一叶芭蕉，引发诗人一夜的凄凉，那是游子的浓浓的乡愁。夜已三更，仍未入眠，过了三更，一梦就梦回朝思暮想的江南。

“枕上十年事，江南二老忧。”十年漂泊，种种心酸经历涌上心头，年迈的父母，一定还在江南故乡，等待着儿子的消息吧。

孤寂、自责、思亲，所有愁烦，凝结成小令结尾的四个字：“都到心头”。

秋，是季节的转折。

秋的来临，凉风徐至，夜清如水。轰轰烈烈的夏天悄

树干上的金龟子

然隐退，将一份恬淡与从容留给了秋。

秋，也是生命的分水岭。走过意气风发的少年和青春，到了秋的门槛，迈进去，就少了一份冲动，一份烦恼，多了一份丰盈，一份淡泊。

立秋，是秋季的一个站台；也是生命的一个站台。

成熟的，干瘪的；斑斓的，平淡的；芬芳的，无味的，都要在此处下车。然后，整装待发，寻觅各自的归处，淡定驶向艰难的下一站。

处暑

因了一场台风的临近,这个秋天便提前有了一丝凉意。

龙舟花开得比往年早了一些。一个盛夏，便把一场轰轰烈烈的花事演绎完毕。

小区里的隔离带上，黄婵每一天都开出新花。枯萎的残花,仍然在枝头不肯离去,似乎还沉醉在逝去的夏季里。

后门外的福屿早市是留给勤奋人的。

即使台风将至，四面八方来的菜农或者小贩，仍然早早地来到早市，他们梳理着青菜，就如梳理一天的生活，不紧不慢、不温不火。

去往早市的路边，早起的老人在小区木椅上交谈着。繁盛的小叶紫薇，在老人的身后若无其事地兀自开落，时光仿佛就此凝固。

这个处暑，有些与众不同。

这是二十四节气中的第十四个节气。《月令七十二候集解》说，“处，去也，暑气至此而止矣”。暑气在处暑时终止，这一节气，意味着进入气象意义的秋天。

南方溽热的苦夏还没离去，恬淡的早秋也尚未到来。新秋来时的路上，还横亘着一只秋老虎。

顾铁卿的《清嘉录》说：“处暑后，天气犹暄，约再历十八日而始凉；谚云：处暑十八盆，谓沐浴十八日也。”意思是，还要经历大约十八天的流汗日，也就是要等到白露之后，秋水方才潋滟，秋意开始弥散，南方的天气才会凉爽，真正意义的秋天才会降临。

古人照例将处暑节气分为三候：一候鹰乃祭鸟；二候天地始肃；三候禾乃登。

鹰乃祭鸟。古人认为，鹰乃义禽，秋令属金，五行为义，金气肃杀，老鹰感知秋之肃气，捕击诸鸟。鹰，先杀鸟而不食，

莲蓬

与人之祭食相似，且老鹰不击有胎之禽，故谓之“义”。

后五日，天地始肃。说的是此时天地间万物开始凋零，充满了肃杀之气。古人认为，春生，夏长，秋收，冬藏。春天万物萌发，夏季草木蓬勃，这是“天理”。

为了不违背“天理”，就算开春判死，也要等到秋天行刑。所谓“秋决”，就是替天行道。

因斩首是阴事，要赶在中午十二点之前执行，此时阳气正盛，符合以阳克阴的道理。因此，又有了“午时三刻”处斩的说法。

再五日，禾乃登。禾，是黍稷稻粱类农作物的总称。登即成熟，意思就是开始秋收。《淮南子》说，“风雨时节，五谷登熟”，这个“登”，也是指成熟。

上一茬的作物，开始沉甸甸地等待收割，要抓紧颗粒归仓。而新一轮的禾稻，又该下田播种了。

夏日的余温和早秋的凉意交织，早开的大叶紫薇，此时已开始显露出疲态。路边的狗尾巴草，克勤克俭开了一夏，看上去也有些累了，憔悴了。

小区门外，黄山栾细碎的黄花倒是明艳。它们谢了又开，开了又谢，留下一地花骸。半青半红的蒴果，已经在枝头高高挂起，像一串串无声的风铃。

高大的香樟树，叶间初见斑斓的色彩，不时有三片两片或黄或红的叶子凋落。捡起一片香樟的红叶在掌中搓揉，于是风中有了浓郁的樟脑味道——

黄山栾树开花了

这应该就是秋天的味道吧。

万物也在整个燥热的夏天疯狂生长之后，都渐渐趋于平静。

处暑，是夏天的休止符。

处暑之“处”，是终止的意思。酷热在处暑中终止，轰轰烈烈的夏，眼看着就要变成秋天的模样了。

夏的终止，意味着秋的诞生。草木荣枯，岁月更迭，终止，是一个故事结束，也是另一个故事开始。宋人苏洞《长江二首》诗曰：

处暑无三日，新凉直万金。

白头更世事，青草印禅心。

受够了酷暑的折磨，这新秋的凉爽是千金也买不来的。夏日的辉煌已然落幕，秋天的恬淡即将开始。

生命至此，是不是也应该停下忙碌的脚步呢？

诗人笔锋一转，写下这样的诗句：“极知仁者寿，未必海之深。”

草木四季，犹如人之一生。做过的事，走过的路，皆会变成过往的风景。就把曾经入眼入心的美好，都留在心底吧。

无论世事沉浮，内心都应如春天的青草一般，保持一份沉着寂定。

生活已然，人生亦然。

山间甘菊

与夏天一同离去的，还有鸣了一夏的蝉声。

日本江户时期著名俳谐诗人松尾芭蕉有一俳句：“山色静寂透禅院，细听蝉声沁入岩。”山寺门闭，悄然无声，唯有蝉声寂然响起。流水般悦耳的鸣叫声，仿佛能渗入山岩。

倘若在炎热的夏季读到这样的俳句，一种幽静、清凉的感觉，就会油然而生。

龙眼茶

在古人的眼里，处暑到了，夏蝉就变成了秋蝉。其鸣声，变成若断若续的哀鸣，便再无盎然的生机了。宋张嵲在《七月二十四日山中已寒二十九日处暑》诗中说“露蝉声渐咽，秋日景初微”，大抵就是这个意思。

也许这就是秋愁吧。

还有一种秋蝉，没有半点愁苦的意味，只让人感到恬淡，感到平静，感到闲适，那是刘文正歌中的《秋蝉》：

听我把春水叫寒，看我把绿叶催黄。谁道秋下一心愁，烟波林野意悠悠。

处暑，是季节的黄金分割，落花的落花，结实的结实，该来的来，该去的去。

人生五十，也是生命的分水岭。

五十知天命，五十不问命。夏的热情，总是太浓烈；秋的素描，总是太恬淡。每一个季节，总有它的美好，也总有它的遗憾。

那就不妨把曾经入眼入心的美好，都留在心底吧。无论世事沉浮，适意就好，平静就好。

白露

八月末尾的时候，下了一场雨。

紧接着的一周内，断断续续又下了几场。

雨是秋天的灵魂，它在微风中慢慢飘洒，摇曳，将树叶摇落，让秋水丰盈，摇出一片恬淡寥廓的天地来。于是，早晚间吹来的风，便开始有了一丝新凉。只有秋风，才称得上一个“清”字，可以还人一份清爽。

但白日里，秋阳杲杲，似乎一天比一天明亮。天蓝蓝的，也是一派高爽清透。

日子过得恬淡，临窗读书，仿佛不觉得是身处闹市。

池水中沉睡一夜的睡莲，到了早上，又变得神采奕奕，像吃饱睡足的婴孩，在晨曦中绽开了笑靥。

楼下的小叶紫薇比往常开得迟了些，绚烂华美，在高大青郁的龙舌兰丛中，略感寂寞。树下一只懒猫眯着眼睡觉，愈发显得这个秋天慵懒寂寥了。

转眼间，白露到了。

这是二十四节气的第十五个节气。

白马河边的木芙蓉

所谓“白露”，是清露色白的意思。刘熙《释名》诠释说：“白，启也。如冰启时色也。”先秦时期，白露专指白露时节凝结成的露水。

白露的到来，意味着仲秋时节的开始。

《黄帝内经·素问》说：“草木凝烟，温化不流，则白露阴布，以成秋令。”因为天气转凉，白昼阳光尚热，一旦太阳归山，气温便很快下降。至夜间，空气中的水汽遇冷凝结成细小的水滴。

江边芦苇

早起的时候，地上的草叶密集地附着许多露珠。这些露珠，在清晨的晨曦中晶莹剔透、洁白无瑕，于是便有了“白露”的美名。

在中国古代，这样的露水弥足珍贵。

柏叶或者菖蒲上的露水可以明目，韭叶的露水能去白癜风。杨贵妃用花上的露水美容。

而极讲究的茶客，则收集露水煮茶。那一壶茶，真可谓价值千金！

仲秋了。阳光开始变得明澈，白晃晃一大片。

但走在街头，却不燥热，心头只多了一丝暖意。天空高远清淡，清风满袖，树叶也随风簌簌作响。秋风如故人，唤起一些尘封的往事。

路边夹竹桃清新出尘，一颦一笑都动人心魄。这种感觉，唯属秋天才有。

我国古代将白露分为三候：一候鸿雁来；二候玄鸟归；三候群鸟养羞。

一候鸿雁来，是说秋日渐成格局，天气渐渐转凉，鸿雁南飞，以躲避寒冬。自然的时令，是不可违抗的旨意，生命的轨迹，也因季候的变更，自然往复，生生不息。

二候玄鸟归。玄鸟，就是燕子。《山海经》中说，玄鸟是古代汉族神话传说中的神鸟。时近中秋，不论南北，人人念归，便有了“玄鸟归”的淳朴愿望。

三候群鸟养羞。“羞”同“馐”，指美食。《礼记》注曰：“羞者，所美之食”，“玄武藏木荫，丹鸟还养羞”。养羞，是说诸鸟感知到肃杀之气，纷纷储藏食物以备寒冬，如藏珍馔。

白露时近中秋，秋日高爽，而秋夜清寒，有皓洁之明月，有似玉之露水，容易引人生情。李白《玉阶怨》中写道：

玉阶生白露，夜久侵罗袜。

却下水晶帘，玲珑望秋月。

诗中，闺中女子站在台阶上翘盼良人。久盼不至，她脚下的罗袜都被露水打湿了。

回到屋中，她放下珠帘，望着帘外那一轮皎洁的月亮，却怎么都不能入睡。而关于白露的爱情，更著名的是《诗经·秦风》中的那首《蒹葭》：

蒹葭苍苍，白露为霜。

所谓伊人，在水一方。

蒹葭，就是嫩芦荻、芦苇。白露一过，芦苇一类的植物风华正茂。隔着茂盛的蒹葭，这位年轻人在沙洲上追寻着自己心仪的伊人。

而伊人虽隐约可见，却遥不可及。让人想到《西厢记》中，莺莺因母亲的拘系，而不能与张生结合，莺莺发出的那声叹息：“隔花阴人远天涯近。”

白露之后，梧桐叶落，荷残莲生。

福屿早市上，卖龙眼的摊子明显比往日多了。

有声有色的一年，也将临近尾声。舒婷说，芭蕉摇摇，龙眼熟透。这一年你过得如何，是像路边的草木，不再葱郁争荣？还是像树上的果实，积淀着岁月的沉香？

福州人有白露吃龙眼的传统。老福州都说，白露日的一颗龙眼，相当于一只鸡的营养。龙眼益气补脾，养血安神，对于贫血、失眠、神经衰弱的人，多有裨益。

为什么白露日的龙眼特别有营养呢？此时的龙眼个大、味甜，从口感至营养都是最佳。孔子说“不时不食”，意思是饮食要遵循自然之道，到什么时候，吃什么东西。

龙眼

韭菜必须在春天吃，萝卜是在冬天。日本人秋天必吃秋刀鱼。放在小火炉上烤，青烟冒起，鱼身滋滋渗出油沫，更感觉秋意凉凉了。俳句说：“在七轮烧烤秋刀鱼，秋色满长空。”

在福州，龙眼还有一个吉祥的名字，叫“宝圆”。

《闽侯县志》说，用核种出的龙眼树，要十四五年才结果，叫栳。栳结出的龙眼，核大肉薄，所以，要嫁接。经多次嫁接后，得到的龙眼，叫顶圆，意思是越接越圆（当然肉也越厚），所以叫宝圆。

那应该就是龙眼中的极品了。

那么，为什么又叫它桂圆呢？

因为，龙眼最熟是农历八月。八月桂花开，夺冠登科的，叫“折桂”，是好意头，所以又叫桂圆。

旧时，在我的家乡，新娘子出嫁的时候，口袋里装的不是糖果，而是桂圆，大抵有早生贵子的寓意。

想起堂姐出嫁时，那万般难舍的泪眼，想起阿嬷蹒跚而又落寞的背影。

白露已至，龙眼熟透，家门口那片桂子树，也差不多该开花了吧？

秋分

闽清朋友家院子里的桂子开花了。

实在羡慕他家有这样一方院子，可以种下这样的桂花树。

宋代才女朱淑真《木樨》诗中有一句：“一枝淡贮书窗下，人与花心各自香。”在这样沁人心脾的花香里，无论看书还是发呆，聊天还是喝茶，连时光都是芬芳的。

就像《秋灯琐忆》（清蒋坦作）里的那个秋芙。

她与郎君蒋坦，喜欢在西湖边的桂花树下品茶闻香。一桂知秋，桂花树下把盏，风过花簌簌，一两点金黄于盏中水上漂，端的尽是美好时光。

有一次离开时，秋芙心情大好。她折了好几枝桂花，插在车背上，带到城里去发给过路人，让城里人知晓新秋的来临，分享季节带来的这些零零碎碎的美好。

旧时文人，是真风雅也！

是日秋分。这是二十四节气中的第十六个节气。

《春秋繁露》里说：“秋分者，阴阳相半也，故昼夜

丹桂花开

均而寒暑平。”秋分之“分”，是“半”的意思。秋分这一天，是阴阳交接，分割寒暑的日子。

二十四个节气中，只有“春分”和“秋分”是昼夜相等的。不同的是，春分被称为“天门开”，阳气升腾，从此天气越来越暖；而秋分被称为“地门闭”，阴气渐盛，从此天气越来越凉。

这是一个重要的临界点。

秋分三候：一候雷始收声；二候蛰虫坯户；三候水始涸。

古人认为，雷，是因为阳气盛，而在二月阳中发声。到了八月秋分后，阴气开始旺盛，阳光却随之衰微，雷入地收声。

后五日，“蛰虫坯户”。忽忽远枝空，寒虫欲坯户，“坯”在这里是“培”的意思，虫类受到寒气驱逐，入地封塞巢穴，提前告别残秋，准备冬眠。

这一眠，一觉睡到来年的惊蛰。

秋风萧瑟夜渐寒，虫鸣稀疏月孤清。藏在草丛里的蟋蟀与黄蛉，啼声凄清，缠绵鸣奏着生命的挽歌。到了寒露，基本上听不到秋虫鸣叫了。

再五日，“水始涸”。涸是干竭。水汽的影响，春夏水长，到秋冬干涸。萧萧秋风卷起枯黄的落叶，一派肃杀之气。

因此，《黄帝内经》提醒我们，此时应“使志安宁，以缓秋刑”，就是说，心志要安逸宁静，以缓和秋天的肃杀之气。

丹桂花开

路边的龙舟花

我国很早就以秋分作为耕种的标志，汉末崔寔在《四民月令》中说：“凡种大小麦得白露节可中薄田，秋分中中田，后十日中美田。”

这时节，正是南方稻谷收获的时候。

俗话说，稻黄一月，麦黄一夜。阵阵秋风，吹拂着南方的田野，伴着稻谷与泥土的芳香，把成熟和秋气传送到远方，仿佛在催促农家兄弟回家收割。

秋分也是北方抢种冬小麦的时节。

乡谣里唱道：“白露早，寒露迟，秋分种麦正应时”，田亩上，辛勤的农人抓紧时间早播冬作物，到处都是他们忙碌的身影。他们劳作的姿势千姿百态，生动演绎着这个“平分秋色”的节气景象。

一直忙到中秋时节，劳累了大半年的农人，才能把一颗悬浮着的心，重新放回腔里，终于，可以稍稍喘一口气了。

在古代，秋分不仅只是一个节气，也是传统的祭月节。

《礼记》说：“天子春朝日，秋夕月。朝日之朝，夕月之夕。”这里的“夕月之夕”，指的正是夜晚祭祀月亮。朝廷会在这一天，举行祭月仪式，称为“夕月”。

早在周朝，古代帝王就有春分祭日、夏至祭地、秋分祭月、冬至祭天的习俗。其祭祀的场所，称为日坛、地坛、月坛、天坛，分设在东、北、西、南四个方向。

古人之所以会在秋分时祭月，是因为日代表阳，月代表阴，秋分以后，阴气加重，世界归月神主宰，故而要向月亮祈福。

后来为什么又移到中秋夜祭月呢?

这是因为，秋分这一天，在农历八月里的日子，每年不同，不一定都有圆月。而祭月无月，则会大煞风景。八月十五月儿圆的时候，是仲秋的一半，正是中秋节。因此，便将祭月节由秋分调至中秋。

一年好景君须记，最是橙黄橘绿时。

此时的北方，万山尽染，壮丽的秋色从磅礴的群山之间喷薄而出，一层层一片片，连绵起伏，错落有致。一个季节的张力，因秋分的到来，皆在瞬间竞放。

而在南方，此时的秋，恬静而寥廓，浪漫而多情。

不知桂花开于何时，忽然有一天，空气中就闻到了它浓郁的香气。驻足细看，但见浓密墨绿的叶间，藏着点点细碎的桂花。一粒粒，精神抖擞，静静绽放。

因此，农历的八月也被称作“桂月”。

南方的月夜非常美。皓月千里，带着微微寒意。江清露白，冷月寒山，秋分的月，美在明净，净得不染纤尘，仿佛能照透人心。

秋天，应该是四季中最有情怀的季节了。

季节到了秋天，恰如人到中年。走过了青春的华美，经过时光的沉淀，人生的秋季，硕果累累，可又略显萧瑟。

饱经风雨之后，生活也像这秋天。

寂寥的秋

不会再有太多的华丽，也不会再有太多的惊喜。留下的，只有光阴里一粥一饭的平淡，和风风雨雨陪伴的温暖。

光影匆匆，落花随意，叶染疏黄。

时光给了我们夏的繁华，又给了我们秋的寂寥。给予我们一场姹紫嫣红的相遇，却留下一个风轻云淡的背影。

的的悠悠，蟾孤桂秋。

秋天是明亮的，秋天是芳香的。

秋是辽远的，秋也是孤单的。

寒露

明日寒露。

国庆七天的长假行将结束。天依然晴朗着，但早晚的空气，却一天天多了寒意。

忽然想起某年十月在寿宁高山上看到的秋景。

彼时闽北的深山已秋深,山上梯田里的水稻已经收割，田亩一片空旷。几棵乌桕伫立于天高云淡的旷野中，犹如一团团色彩斑斓的火球，艳若丹霞，给人以一种震撼的美。

“日暮伯劳飞，风吹乌桕树。”寿宁的高山该有霜了，那些棵乌桕树又该红成一团火球了。

这是二十四节气中的第十七个节气，已经是晚秋的节令了。

《月令七十二候集解》说寒露：“九月节，露气寒冷，将凝结也。”寒露的“露”，比白露多了一个“寒”字，说明此时气温比白露时更低，地面的露水更冷，快要凝结成霜了。

西风秋老，露华霜天，又是一年木叶凋落、雁行南飞的时候了。

《诗经·豳风·七月》篇中，有“穹窒熏鼠，塞向墐户”一句。“穹窒”，是使居所严密的意思。“塞”是堵，“向”就是北面的窗子，“墐户”，“墐”，用泥涂抹的意思。

这句诗说的是先秦豳地汉族的民风。

在这个时令，豳地的先人要把墙上、屋顶上的缝隙堵上，窗户及门的缝隙，也涂以泥巴，使其严密，再把室中的老鼠熏出去。

寒露到了，霜降不远，眼看着冬天就要来临。封泥熏鼠，这是豳地先民在做过冬的准备了。

古人将寒露分为三候：一候鸿雁来宾；二候雀入大水为蛤；三候菊有黄华。

从白露节气开始，鸿雁开始南飞。到了寒露，应为最后一批。古人称先来者为“主”，后至者为“宾”，最后一批南飞的鸿雁，也出发了。

又五日，雀入大水为蛤。这是古人的误解。深秋天寒，雀鸟都不见了，他们看到海边突

秋月明

然出现花蛤，贝壳的条纹和颜色，像极了雀鸟的羽毛，以为是雀鸟入海，变成了蛤。

再五日，菊有黄华，菊花开放了。华是花，草木皆因阳气开花，独有菊花，因阴气而开花。农历九月，也因此被称“菊月”。

寒露的“寒”，不是严寒，是由凉爽向寒冷的过渡。寒露之后还有霜降，这是晚秋最后的两个节气。

《素问·六元正纪大论》说：“惨令已行，寒露下，霜乃早降。”惨令，就是秋令。此时，秋令已行，梧桐叶老，疏雨潇潇，黄栌与苦竹叶色变黄。

寒露之后，露气渐稠，稠而将凝。

再半月，寒露将凝为霜降，就该是满地落叶无人扫，喔喔晨鸡满树霜了。

对于漫长的农耕社会来说，露，是天气转凉变冷的表征。

仲秋白露节气，“露凝而白”，到了季秋寒露时，“露气寒冷，将凝结也”，露的变化，也带来自然景观的变化。月露清冷，满目秋黄。

北方此时，花草树木凋零在即，人们谓此为“辞青”。

而南方阳光和煦，正是出游的佳时。又往往恰逢传统的重阳节，于是邀约亲朋，登高远望，看层林尽染、江天寥廓。

在古代，每当秋冬之交，家人就要给出门在外的亲人准备越冬的衣物。《诗经》里说，“九月授衣”，御寒的冬衣此时不早做准备，怕是要晚了。

葛麻织物，日久变硬，就得以杵捣之，使其柔软舒适。李白诗曰“长安一片月，万户捣衣声”，洗衣的妇人，为什么要趁着月光捣衣呢？只因良人在戍，家无依靠。

山间

妇人们白昼要在田间劳作，只有夜间才得空捣衣。柴火灯烛能省即省，而皎洁的月光是免费的，于是，便有了这叮叮咚咚的捣衣声。

衣服洗好，自然要寄到远方。元人姚燧有一首《寄征衣》这样写道：

> 欲寄君衣君不还，不寄君衣君又寒。寄与不寄间，妾身千万难。

丈夫在外，远戍边关，风霜刀剑，铁衣难着。她却还在犹豫，寄不寄寒衣呢？

寄了寒衣，怕只怕他穿暖和了，就不会想着回家。不寄呢，又担心边关的那个冤家冻着。思前想后，拿不定主意。

在诗意的白露之后，寒露的“寒”，让人对于光阴的流逝有了更为清醒的认识。唐戴察《月夜梧桐叶上见寒露》诗曰：

> 气冷疑秋晚，声微觉夜阑。
> 凝空流欲遍，润物净宜看。

已经到了晚秋的时节了，露净万物，真是好看。再多看看这疏风云影、落霞孤鹜的秋光吧。待到露水干了，想再看可就难了。

寒露之“寒”，亦映衬出人心之“暖”，王安石在一首诗中写道：“空庭得秋长漫漫，寒露入暮愁衣单。”寒露时节，凉气加重，你会不会也能收到这样一句安暖如意的问候呢？台湾作家林清玄曾说，他母亲每周给他邮寄一封信，每封结尾都是八个字："霜寒露重，望君珍重。"简简单单八个字，却成了林清玄眼中最动人的字眼。

在这孤意淡远的季秋，也许不需要太多的话语，就叮嘱一句"加衣"吧。秋寒渐深里，还有什么比这两个字，来得更亲切、更温暖吗？

秋日河滩

霜降

川端康成在《初秋四景》中写道："我觉得秋天是从天而降的。"

如果季节可以选择,四季中我一定会选择南国的晚秋。这一段时间里，蓝天青碧如水，秋阳杲杲明澈，空气略带薄凉。等了一季的桂花香，紧赶慢赶，终于赶在霜降到来的前几天，一下子笼罩了这个城市。

于是，城南城北，弥漫着扑鼻的桂花香。

我觉得，桂花的香气也是从天而降的。

相对于桂花的盛放，我却偏偏更喜欢它的落花。

桂花飘落如雨，细细碎碎的落花铺了一地。地上不见泥土，踩在花上软绵绵的，心中有些不忍，就像我对秋天的态度：喜欢秋的萧素，秋的恬静，秋的深邃；不舍秋天，却又阻止不了秋的离去。

明日霜降。

晨起的时候，看见阳台上几盆吊兰，叶尖已经变得焦黄，无端地增添了一份担忧。阳台下的那两株宫粉紫荆，叶色斑斓，也失去了往日的色彩，有点凄凉。

想起老家院子里的那棵柿子树。此时的柿树应该是红果累累了吧。母亲上不了那么高的树，满树的柿子，十有八九都被鸟啄了。

真是便宜了那些鸟儿。

霜降鸿声切，秋深客思迷。秋天是收获的季节，本应该是快乐的。但在城里，看到逐渐衰败的花花草草，想着杂七杂八的往事，心中不禁怅然。

总之是霜降了。

这是秋天的最后一个节气，也意味着，冬天已在这一分又一分的凉意中，悄悄地拉开了序幕。

兰叶叶尖焦黄

柿子红了

跟川端康成想的一样，古代的中国人，大抵也是以为霜是从天而降的吧，因此，他们把初霜时的节气取名“霜降”。

这应该是一个很有诗意的节气，因为它有一个很有诗意的名字。

可是，霜怎么会是从天而降的呢？

霜和露一样，都是空气中的水汽凝结的。霜降，不是降霜，它只是表示天气寒冷，大地产生初霜的现象罢了。从白露开始，“露凝而白”，到寒露“露气寒冷，将凝结也”，再到霜降“气肃而凝，露结为霜”，圆润的露滴，到了此时便凝成了霜花。

霜，是水汽凝成的。

南宋吕本中在《南歌子·旅思》中写道：“驿内侵斜月，溪桥度晚霜”，陆游《霜月》诗中，也有“枯草霜花白，寒窗月新影”一句，说明寒霜是出现于秋天晴朗的月夜的。

月夜无云，如同大地被揭了被子，散热很多。倘若温度骤然下降到零度以下，地表之上的水汽就会形成霜花。俗话说“浓霜猛太阳”，霜只能在晴天形成也就是这个道理。

霜降到了，天气渐冷。白昼秋云散漫远，霜月萧萧霜飞寒。再怎么不舍，秋天都进入尾声了。

古人将霜降分为三候：一候豺乃祭兽；二候草木黄落；三候蛰虫咸俯。

“豺乃祭兽”，最早出现在《逸周书》。书中说：“霜降之日，豺乃祭兽。”又曰：“豺不祭兽，爪牙不良。”意思是说，豺狼开始捕获猎物，捕多了吃不完的，就摆在那儿，用人类的视角来看，像是在“祭兽”——用捕来的兽类来祭天报本。

这又是一个“祭”的仪式。

初春时节“獭祭鱼”，伏天时节“鹰祭鸟”，而深秋时节“豺祭兽”，这跨越春、夏、秋三季的三个“祭”，

秋日乌桕

显现了动物生存的一种天然本能。

后五日，野草枯黄，树叶凋零。《葬花吟》有“风刀霜剑严相逼”一句，说明霜的无情。“霜景催危叶，今朝半树空。”举目四野，已是“鸡声茅店月，人迹板桥霜”的暮秋景象了。

再五日，蛰虫咸俯。咸俯，咸是全，都；俯是低头。此时，虫类进洞，不动不食，开始冬眠。这与春天的惊蛰形成对应，到了来年春天，惊蛰一声雷，冬眠的蛰虫才苏醒。

山间叶黄

冯延巳《抛球乐》曰：

霜积秋山万树红，倚帘楼上挂朱栊。白云天远重重恨，黄草烟深淅淅风。

秋风萧瑟天气凉。晚秋虽好，却总让人怅然若失。诗人站在落叶背后，看着疏落田亩，萧萧远村，听着阵阵秋声，无端地伤怀。

白居易在这样的时节里，写下这样一首《岁晚》：

霜降水返壑，风落木归山。

冉冉岁将宴，物皆复本源。

霜降时节，山涧中的泉水，渐流渐小，慢慢归于无声。风吹落叶回归大地，化为泥土。不知不觉中，一年将尽，万物复原。诗的末尾，诗人发出这样的感喟：

何须自生苦，舍易求其难?

是啊，季节到了霜降，删繁就简三秋树，这是自然规律。大自然在删繁就简，删去不必要的枝枝叶叶，为来年春天的复苏积蓄力量，“何须自生苦，舍易求其难？”因此，川端康成在他的文章中写道：

> 草木、禽兽本能地随着季节的推动而生活着，唯独人类，才逆着季节的变迁。
>
> 尽管如此，人反而更多地被季节的感情所左右。
>
> ——《秋天四景》

就像白居易的那声感喟，川端康成也在问自己：人类若能把身边的季节，忘却到那种程度，那样的生活，会不会更加健康、更加美好呢？

在日本，山茶花被称为“椿”。花落之时，一树山茶同时凋零，颇具壮烈、悲怆之美，被日本人称为“落椿”。一句俳句说：“椿花落了，春日为之动荡。”

对于日本人而言，美丽的事物，都是无法长久存在于世间，而落椿，恰好就契合了这种悲剧意味的审美。美来得无声无息，离开时，又令人措手不及。

而在我看来，桂花的摇落，也是一样的壮怀。桂花落了，秋日也会为之动荡。

世上有没有一朵花，会有悲喜得失之念呢？花开尘世，唯一的使命就是绽放。只要它尽情绽放，或惊才绝艳，或恬淡幽清，都不虚此行。

人生也应该如此。只要这逝去的一天，一季，一年，过得丰满、自在、安适，便有意义，便可释然，便是不虚此行，便是不枉此生。

立冬

今天的风，是初起的寒风。

走在门口的小公园里，虽在繁华的闹市，却觉得异常的宁静。

公园里的木棉树、乌桕树、羊蹄甲与樱花树的黄叶凋落之后，这一小片的林子就慢慢地疏朗起来，再没有了夏天的那种臃肿与隐秘。

侧耳聆听，似乎可以听到风与林子的窃窃私语。

黄山栾树的叶子也落了不少。瘦了身的栾树枝条交错，纵横于蓝天之下。高高的树梢上，褐色的蒴果摇摇摆摆，犹如无声的风铃。

秋风吹尽旧庭柯，黄叶丹枫客里过。

一点禅灯半轮月，今宵寒较昨宵多。

——明王稚登《立冬》

立冬了。

这是二十四节气的第十九个节气。

《月令七十二候集解》说："立，建始也，冬，终也，万物收藏也。"意思是说，冬天，从这一节令开始，庄稼收藏入库，草木凋零，蛰虫休眠，万物活动也趋向休止。

《诗经·豳风·七月》有一句"九月肃霜，十月涤场"，涤场，就是打扫场地。这个"场地"，不但指田亩，也指晒谷场。所有的收成，都已收割、晒干，农人把金灿灿的秋天挑到粮仓里，天地一片空旷，变得苍茫。

在农耕时代，立冬，是农历十月的大节。这一天，天子要出郊迎冬，赐衣群臣，矜恤孤寡。

《吕氏春秋·孟冬》载："立冬之日，天子亲率三公九卿大夫，以迎冬于北郊。还，乃赏死事，恤孤寡。"高诱注曰："先人有死王事以安边社稷者，赏其子孙；有孤寡者，矜恤之。"

立冬之后，寒冷而漫长的冬季就开始了，许多人御寒无着。天子体恤民间疾苦，为朝臣发衣服，给孤寡及烈士家属以补助。这是对活人的赏赐。

而在民间，立冬时节，很多地方仍保留着立冬到坟山祭祖的习俗。

冷风乍起，冬意渐袭，立冬时的祭祀，称为"送寒衣"。在中国古人眼里，生与死是相通的。逝者能感知到时令冷暖，也能感应到生者的缅怀追思。

追思之后，民间还有"贺冬"的习俗。东汉崔寔《四民月令》："立冬之日进酒肴，贺谒君师耆老，一如正日。"

冬日河滩

宋代每逢此日，人们更换新衣，庆贺往来，一如年节。

古人将立冬分为三候：一候水始冰；二候地始冻；三候雉入大水为蜃。

水始冰，是说此时的北方大地上，水凝为冰。孟冬（每年冬季的第一个月，即农历十月）始冰，仲冬（冬季的第二个月，即农历十一月）冰壮，季冬（冬季最末一个月，即农历十二月）冰盛。

枫叶红了

后五日，地始冻。古人认为，大地生寒，天寒地冻，是因为阳气潜藏，所以阴气在地面肆虐。但这也代表了阴气的消耗。阳气安静长养，既是一岁终，又是一岁始。

再五日，雉入大水为蜃。雉，即野鸡一类的大鸟，蜃，就是大蛤。立冬后，野鸡一类的大鸟便不多见了。

而在海边，古人看到了外壳线条、颜色与野鸡相似的大蛤。在寒露三候中，有“雀入大水为蛤”，到了立冬，古人依旧认为，雉到立冬后，入海变成了大蛤。

海上起了雾，空中会有城廓、树木等幻景。古人相信，这“海市蜃楼”，便是“雉”在海里吐气，变成了“蜃”。

从时序上讲，冬天，是四季中最后一个季节，天地万物都将进入休眠时期，一切都开始静下来。

而在精神层面，古人认为，立冬时节，天地闭，草木蕃，贤人隐。这时节，君子退场，小人登场，为人处事要俭德避难，低调行事。要把身心收敛起来，不能太过招摇，以免招惹小人，自讨苦吃。

立了冬，毕竟是到了冬天了。

叶子落了，白昼短了，寒风起了，菊黄，枫丹，露白，霜浓。人的心境多多少少会有一些微妙的变化，无端地便会勾起一些心事。

日本作家永井荷风说，这样冷寂的时节，正是各种往事从心底泛起的时节。沉静的白昼，像无尽的黄昏，再没有比这时节，更适合于追忆和冥想了。

川端康成笔下,冬是白色的画布,上面画着深秋的红叶,艳到荼蘼,有夕照的山峦残雪新绿,有古老的小镇白墙黑瓦。所有的画面,都隐隐约约透露出,这位老人淡淡的悲伤。

为什么要悲伤呢?

漫长的冬季，也不只是一味的枯寂，一味的肃杀。对于很多中国文人而言，冬的到来，反而激发了他们对美好的向往。宋人紫金霜就在立冬这天，写下这样的诗句：

门尽冷霜能醒骨，窗临残照好读书。

拟约三九吟梅雪，还借自家小火炉。

——《立冬》

末一句，让人想到白居易的《问刘十九》。“晚来天欲雪，能饮一杯无？”天地凛冽，有友抱雪来访，炉火夜话，读来暖意顿生。

在老舍《济南的冬天》里，冬是有山有水、暖和安适地睡着的老城。

在丰子恺《初冬浴日漫感》中，冬是沐浴冬阳的好日子。青年作家安宁“乡村三部曲”中，冬是童年时，卖豆腐人的声音，以及一碗豆腐脑的味道……

郁达夫在《江南的冬景》中说，江南微雨寒村里的冬霖景象，是一种说不出的悠闲境界：

河流边三五家人家会聚在一道的一个小村子里，门对长桥，窗临远阜，这中间又多是树枝槎丫的杂木

初冬恬静的三坊七巷

树林；在这一幅冬日农村的图上，再洒上一层细得同粉也似的白雨，加上一层淡得几不成墨的背景，你说还够不够悠闲？

这样的冬天，哪有肃杀的况味，哪里还值得你去悲伤呢？

季节变换，不过是自然界的一次约定而已。

冬，代表着一种生命的体验。节气到了冬天，一切都孕育在安静中。

日子越来越平淡，心境也越来越简素。简素着，质朴着，也温暖着。日子能过成这样，也是好的。

小雪

从立冬到小雪，天气温煦，犹如小阳春。

只是临近小雪的前几日，气温忽降，这个冬季才开始有了一点冬的轮廓。天空依然那么深邃、湛蓝，但裸露在空气中的手臂已感受到一股寒凉，告诉你，冬天到了。

异木棉与木芙蓉的花事进入了尾声。但紫红色的羊蹄甲接力似地接管了南国的天空，走在树下，芬芳扑鼻，让人想到远去的春天。

秋天结实的那些植物，鱼尾葵、苦楝树、紫薇、山棕、西番莲，甚至路边不起眼的狗尾巴草，都像孕妇般沉静，默默地成熟着它们的果实，让这个微寒的冬日变得如此安详。

从某种程度上说，福州是一座十分适合于生活的城市，尤其在这冬阳杲杲而又略带微寒的初冬。

天冷下来的时候，似乎时光也跟着慢了下来。尘世间的浮躁与喧嚣，渐渐被抛之脑后，取而代之的，是前所未有的平静与安逸。

城里河边的三角梅

后门外的福屿早市略嫌喧闹了些。但此时的喧闹，更凸显了一股浓浓的烟火气。

有人在路边的店里炸芋粿、炸海蛎饼。

刚出锅的海蛎饼有点烫手，表面炸得金黄，食客小心翼翼掰开，里面的馅料一下就出来了，咬一口，外酥内软，看着他满脸的陶醉。

卖豆腐脑的小贩遇见有客来招呼，一手拿起一只青边碗，一手拿着一柄薄薄的铜片勺，将雪白的豆腐花一片片

冬日山景

舀入汤镬中煨一下，须臾间，一碗滑嫩肥腴的豆腐脑就呈现在客人面前。

小雪了。

这是二十四节气中的第二十个节气。

古人将农历十月，称为“阴月”。唐代诗人李咸用有《小雪》诗曰：“散漫阴风里，天涯不可收。”

小雪，是反映天气现象的节令，为什么会有诗中所言的“散漫阴风”呢？那是因为气寒。此时阳气潜伏，阴气在地面肆虐，给人以阴风弥散的感觉。

古籍《群芳谱》中说：“小雪气寒而将雪矣，地寒未甚而雪未大也。”

东汉刘熙的《释名》将“雪”解释为“绥”，“绥”是安定的意思，引申为安抚人心，以保持平静。《诗经·大雅·民劳》中，就有“惠此中国，以绥四方”之句（“小康”一词，也是来自此诗。此处的“中国”，指西周京畿地区，后演变为黄河中下游的中原地区。“中国”以外，则称为“四夷”）。

夜深烟火尽，霰雪白纷纷。北方洁净而又静谧的严冬，便是由这一场初雪开始，正式拉开了帷幕。而南方此时，冬寒初起，只是感觉到一丝寒意，似乎这不过是晚秋的延续而已。而真正的冬天，要等到冬至来临。

小雪三候：一候虹藏不见；二候天气上升地气下降；

三候闭塞而成冬。

彩虹只出现在晴天朗日。而小雪之日，天地间阴盛阳伏，雨水凝成阴雪，因此彩虹藏匿不见了。

后五日，“天气上升地气下降”。天地各正其位，不交不通。

在中国古代，“交”是一个非常重要的概念。

“交”有“通气”“结合”的意思，代表吉兆、泰卦；“不交”，则代表凶兆、否卦。直到来年雨水节气，天地交合，群物皆生，才会否极泰来。

再五日，“闭塞而成冬”。十五日的“小雪”，便酝酿成“满月光天汉，长风响树枝。横琴对渌醑，犹自敛愁眉”（唐元稹《咏廿四节气诗》）的“大雪”了。

中国土地广袤，南北温差悬殊。

小雪节气之后，北方地区开始生火炉，烧暖炕。而在南方，山里的人家开始准备手炉、汤婆之类的御寒之物。

在漫长的农耕社会，小雪过后，意味着进入食物匮乏的冬季。

因此，在民间，便有了“冬腊风腌，蓄以御冬”的习俗，开始腌制、风干各种蔬菜和鸡鸭鱼肉。

关于腊肉的腌制，不同地区有不同的做法。一般分为风干肉、烟熏肉。

熏制的，是用湿的松柏树枝、橘皮、柚子壳等物燃烧所散发的烟来熏制，过程大约需要一个月左右，以此熏入特殊香味口感。

而风干的，则是将用盐姜花椒等作料腌制好的肉，涂抹上白酒、甜面酱和醪糟，再放在通风处，自然风干。

熏制到位的腊肉，煮出来以后，肥肉部分是透明的。

最地道好吃的腊肉，吃之前，用火将带皮的一面烧起泡，之后，放温水里洗净泡软，再隔水蒸透。切开时，脂肪层是完全透亮的，瘦肉部分是深紫色，有一股特殊的柴香味。

福建的沙县、建瓯等地人家，擅长酿酒，腊制板鸭；当地民谣曰：

农事冬闲毕，相道做板鸭。椒盐接匀透，竹撑似琵琶。

炭火融融烤，香气徐徐发。皮酥肉油润，配酒最堪夸。

春生夏长，秋收冬藏。落了雪，整个世界便遮藏起来，白茫茫大地，真是干净。

陆龟蒙《小雪后书事》写道：

时候频过小雪天，江南寒色未曾偏。

枫汀尚忆逢人别，麦陇唯应欠雉眠。

动物的生息，是和节气密切相关的。

许多身影踪迹难寻，蛇和蟾蜍已经冬眠，蚂蚁藏在深深的洞穴里。候鸟也早早飞到更南的南方，销声匿迹了。

冬藏之下，一切生命皆在呼吸吐纳，只是很轻，很静，细弱到你不在意，就以为不存在了。

那些存留下来的芦根，依然隐藏着勃勃生机。每一棵的芦根都在呼吸空气，吸收阳光，储备营养，悄然孕育着新的生命。

水中的鱼儿为了节省体力，尽量悬停在静水的河湾，休养生息。河蟹与黄鳝钻进枯草下光滑又隐蔽的洞里，等着食物自送家门。

冬，不是归宿，只是轮回。

纷扬的小雪之下，并不是一个安分的冬天。人与动物、植物，都在为过冬做着准备，所有的一切都在等待。

它涵在大地的怀抱里，养在每个人的心中。

涵过了小寒大寒，待到地气上升，残雪融化，春天的雨水再度降临，又一个花儿一样的年华，便呼啦啦地绽放了。

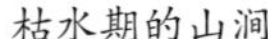

枯水期的山涧

大雪

进入十二月，气温骤降，寒风瑟瑟。街头的行人竖起衣领，行路匆匆，一下便有了冬的况味。

北方地区下起了初雪。

但在福州这样的南方城市，是很难看到落雪的。家门口的桂花再度绽放，给人以意外的惊喜。而乌柏、青桐落叶扑簌，半是浅青半是赭黄，又让人忍不住生出几分轻愁。

不远处，是千年古寺西禅寺。

每一次散步经过西禅寺的时候，总是希望能从寺里听到一两声晨钟暮鼓，但期盼中的钟鼓声，却一次也没有响起过。

李咸用诗曰："朝钟暮鼓不到耳，明月孤云长挂情。"寺院报时的钟鼓声，被他用来指让人醒悟的人生哲理。

诗人的意思是说，与其天天惦记着那些做人的大道理，不如多看看明月孤云，多一点洒脱的闲情吧。

西禅寺外，羊蹄甲曾经繁盛如海，落英缤纷。而此时，枝叶疏落之后，却是一副澄静寂寥的模样。西望旗山一带，群山抖擞，青烟掠过山巅，消散在缥缈高远的天空里。

明日大雪。

这是农历二十四节气中的第二十一个节气。季节翻过大雪节气的山，便走进萧瑟的冬的深处了。

大雪与小雪，都是直接反映降水的节气。南北朝时期《三礼义宗》对于大雪节气的表述是："时雪转甚，故以大雪名节。"

有人理解，这句话的意思是说，此时雪下得大了，因此以大雪来命名。但实际上，由小雪到大雪，降水量是在减少（全国平均值大约减少 15%）。

爬山虎

“时雪转甚”的“甚”，与《月令七十二候集解》描述大雪节气“至此而雪盛也”的“盛”，指的并不是降雪量，而仅仅是指降雪的可能性而已。

天气更冷了，降雪的可能性比小雪时更大。

古人将大雪节气分为三候：一候鹖（hé）旦不鸣；二候虎始交；三候荔挺出。

唐代元稹《咏廿四节气诗·大雪十一月节》：

积阴成大雪，看处乱霏霏。

玉管鸣寒夜，披书晓绛帷。

黄钟随气改，鹖鸟不鸣时。

何限苍生类，依依惜暮晖。

诗中说，经过半年来的阴长阳消，已到了阴气最盛的时候（下一个节气冬至开始出现阳气），到处乱雪霏霏。富贵人家和读书人都在设法消磨着寒夜，黄钟律管也快要飞灰响应冬至了。

诗中的鹖鸟，就是鹖旦，亦作鹖鴠，也就是寒号鸟。《礼记》上说，鹖鴠是“夜鸣求旦之鸟”，之所以叫寒号鸟，是因为它怕冷，半夜里号叫，希望天早点亮。大雪节气，鹖鸟也冻得叫不出声来了。

又五日，虎始交。此时，阴气最盛，但盛极而衰，阳气已有所萌动，老虎对异性有了一些暧昧的想法。都说温饱思淫欲，重口味的老虎，选择这样饥寒交迫的节气里交配，前景堪忧。

冬日溪流

再五日，荔挺出。荔挺，为兰草的一种，形状像菖蒲，但比它小，而且早生。荔挺也感到阳气的萌动，而抽出了新芽。

《颜氏家训》上说：“荔挺不出，则国多火灾。”古人认为，能在这样的节气看到雪下的草芽，是吉兆，好事。

《尔雅》将农历十一月称为“辜月”，有吐故纳新的意思：“十一月阴生，欲革故取新也。”

都说瑞雪兆丰年，积雪覆盖大地，为冬作物创造了良好的越冬环境。现存最早的农学专著《氾胜之书》反复强调，积雪在土壤保墒，以及消灭虫害方面，是有着特殊价值的：

冬雨雪止，以物辄藺麦上，掩其雪，勿令从风飞去。后雪复如此。则麦耐旱、多实。

冬雨雪止，辄以藺之，掩地雪，勿使从风飞去；后雪复藺之；则立春保泽，冻虫死，来年宜稼。

白皑皑的雪层，就像一床棉被盖在庄稼上面，庄稼得以安全过冬。而融雪结冰，又可以使土壤中的一部分虫卵冻死，来年不会有蝗灾。

1 千克雪水含氮化物 7.5 克，大约是普通雨水的五倍，下一场雪，便相当于施了一次氮肥。而且，雪是慢慢融化、缓缓渗入的，对农作物的滋润，更温和，也更持久。

秋天里落下的那些草籽，在雪下悄悄吸收阳光，孕育新的生命。

麻雀、乌鸦秋天之后就脱去旧羽毛，换上又厚又密的新羽毛，来抵御寒冷。狐狸、野兔秋天也要换毛，皮肤下还长出厚厚的脂肪。

螳螂的寿命只有七八个月。秋天之后，螳螂以卵鞘过冬，等到第二年春天，小螳螂才陆续孵化出来。

蜜蜂、松鼠和蚂蚁会在冬天前贮存食物以备冬季。

蝴蝶在冬天形成坚硬的蛹壳，肥胖的蛹则裹在里面，因它们身上含有较多的脂肪，所以防寒防冻不成问题。

从大雪到冬至的这段时间，夜，变得越来越长，也越来越静。厚厚的雪被之下，谁能打乱蛹卵的安眠，谁能听到冬眠小动物细微的呼吸呢？

一切的劳心劳力，到了这个季节，都显得那么不合时宜。

对于所有生命而言，这是难得的冬藏时分。经历了严冬与大雪的洗礼，所有的生命，都有如凤凰涅槃般重生。

雪的到来，总是猫一样的轻盈无声。

日本作家高村光太郎说，每到此时，待在屋里，感受着悄然无声的世界，便觉得自己像聋了一般。偶尔听到啄木鸟在屋檐下啄着草籽，都心生怜爱。

在川端康成的《雪国》里，无论是皑皑白雪抑或是层峦叠嶂，雪国都是那么静谧悠远，让人心动，又让人惆怅。

> 雪夜的宁静，沁人肺腑……有朝一日，对生命也心不在焉了。

在这位后来自杀的老者眼里，美的终极，就是雪一样的虚静，雪一样的悲凉。

相对于日本文人而言，中国人对于雪的态度，要来得浪漫得多，乐观甚至温暖得多。

茅盾先生说，文人在冬夜只合围炉话旧，幸而冬天有雪，给文人们添了诗意。白居易的诗意是一杯酒。“晚来天欲雪，能饮一杯无？”

杜耒的诗意是一壶茶：“寒夜客来茶当酒，竹炉汤沸火初红。”关汉卿眼中的诗意是一幅淡远的画：“雪粉华，舞梨花，再不见烟村四五家，密洒堪图画。”

朱自清的诗意，是一锅热腾腾的白煮豆腐，以及家里的三张笑脸。

他写台州的冬天，外边虽老是冬天，回到家却像是春天。

大雪节气的福州，时断时续的细雨，冬的气息已经很浓了。但似乎还是没有下雪的迹象。

孙思邈说，安身之本，必资于食。南方人大雪节气后，喜欢进补羊肉，驱寒滋补，益气补虚。这样细雨霏霏的冬日，对于凡夫俗子来说，最暖心的诗意，莫过于一锅热气腾腾的羊肉炉了。

当归补血，党参补气，羊肉大补元阳。

窗外的天虽寒冷，围炉吃肉的人，心里胃里，一定都是温暖的。

冬至

大雪节气之后，天蓝似海，万里无云。

拉开客厅的落地窗帘，一缕阳光带着温暖和光明，照射到身后的白墙上，客厅里一片明亮。

阳台上，米兰残花寥落，吊兰叶尖也是一片焦黄。杲杲阳光照在蒲葵、散尾葵的树冠，以及树下海东青、风车草、龟背竹的叶片上，闪烁着一片白茫茫晃眼的亮光。

阳台偶尔飞来一两只不知名的雀鸟。

它们倾斜着小脑袋好奇地与人对视，小小的眼睛里，透露着一种深深的迷惑。鸟雀呼晴，晴天里鸟仔在鸟巢里是待不住的，只是它们不知，人却可以。

好在鸟雀的耐心总是有限，俄而，它们就将这些疑惑抛在脑后，兀自叽叽喳喳地鸣叫着，扑棱棱飞向叶色泛黄的宫粉羊蹄甲的高枝。

鸟仔为什么飞得那么快呢？

想起东山魁夷《听泉》里的一段话：“鸟儿只觉得光阴在匆匆忙忙中逝去了。然而，它们不知道时间是无限的，永恒的，逝去的只是鸟儿自己。”

接下来的日子里，气温忽降，天色阴霾，间或细雨。白昼越来越短，似乎过了日午，便到了黄昏。

马路上每天依然是车来车往，下了班的人们犹如倦鸟归巢，街头一阵兵荒马乱。天黑得很快，你来不及盘点一天的忙碌，仿佛须臾间便暮野四合，天地复归宁静。

明日冬至。

这是二十四节气中，第二十二个节气了。

冬至之“至”，是极致的意思。《月令七十二候集解》：“十一月中，终藏之气，至此而极也。”这句话中暗藏着三层意思：日行南至，阴极之至，阳气始至。这是一个阴阳消长的关键节点。

阴气已经到了巅峰，开始要跌落了，阳气的销蚀到了谷底，马上就要回升了，下一个循环从此开始，这是个大吉之日。

二十四节气中，冬至是最早被测定出的节气之一。传说冬至节气最早的测算方法，用的是“吹灰候气”法。

《梦溪笔谈》引《续汉书》曰：“候气之法，于密室中，以木为案，置十二律琯，各如其方，实以葭灰，覆以缇縠，气至则一律飞灰。”

葭是指初生的芦苇，葭莩是指芦苇秆内壁的薄膜。葭灰，也叫葭莩之灰。葭灰极细极轻，而每个节候的地气是不同的，古人根据这个原理，将葭灰置于十二律的律管中，放在密

山间

室内。某一节候，相应律管中葭灰飞出，则示该节候已至。

十二律中，最基本的是黄钟。《礼记·月令》中，黄钟对应的，正是冬至所在的仲冬月份——子月。仲冬之月，律中黄钟，葭灰从黄钟律管中飞扬出来，冬至到了。

杜甫有一首写冬至的诗，叫《小至》，说到这个“吹灰候气”的办法：“天时人事日相催，冬至阳生春又来。刺绣五纹添弱线，吹葭六管动浮灰。”

现代的人，大多是不相信“律管吹灰”的。

或者说，将十二律与十二月一一对应，在今人的眼里，根本就没有什么科学依据。那是扯淡。但有趣的是，古人神神叨叨的似乎就好这一口。

晚唐韩偓也在《冬至夜作》诗里说，“中宵忽见动葭灰，料得南枝有早梅”。韩偓的姨夫是李商隐。十岁时，韩偓就会即席赋诗，李商隐称赞其诗是“雏凤清于老凤声”。

但写这首《冬至夜作》的时候，诗人似乎不再是诗人，而是能掐会算的韩半仙了。

古人三候：一候蚯蚓结；二候麋角解；三候水泉动。

在中国古老的传说中，蚯蚓，是阴曲阳伸的生物。冬至时，虽说阳气已生长，但阴气仍重，土中的蚯蚓，依然打着结，蜷缩着身体睡觉。

再五日，麋角解。麋就是“四不像”，是我国特有的一种动物。麋与鹿虽属同科，但古人认为，麋的角朝后生，所以为阴，鹿的角朝前生，所以属阳。冬至时麋感到阴气渐退，开始解角了。

又五日，水泉动。霜降水返壑，风落木归山。涧水在霜降时渐流渐小，立冬节气水始冰。冬至时，冰层下开始有暗流涌动。地下的泉水或井水有热气冒起，说明地气已经开始上升了。

季节从春天到冬天，走过一路的芬芳、火热、喧嚣与恬静，到了此时，终于以谢幕的姿态淡定下来了。在漫长的农耕社会，到冬至这个节气，所有重要的农事活动都告一段落了。

《后汉书》说："冬至前后，君子安身静体，百官绝事不听政，择吉日而后省事。"每年的这个时候，汉朝上至帝王将相文武百官，下至黎民百姓都要休假五天，以兹庆贺，名曰"贺冬"。这五日，边塞闭关，商旅歇业。亲朋好友互相拜访问候，以美食相赠。

冬至一阳生，它不仅仅是节气轮转之始，也是生命转化之机。一年中的冬至，就像一日中的子时，万物皆静，但阳气正蓄势待发。

作为阳气增长的起点，冬至一直被视为二十四节气之首。邵雍有《冬至吟》道："一阳初动处，万物未生时。玄酒味方淡，大音声正希。"

玄酒是祭祀时代替酒的水。冬至阳气初发，万物尚未生长，犹如酒中的玄酒，味道寡淡；就像最美的声音，微至渺茫。

南国冬至时令美食糯米丸子

但正是此时这细微的黄钟之音，将世间的繁华演绎、汇聚成洋洋洒洒的黄钟大吕。

在福建，冬至也叫“冬节”，向来有“冬节大如年”的说法，至今仍是一年中团聚、祭祖的大节。

冬节祭祖，清明扫墓，祭天、祭祖是祈福，是展望；而扫墓则是孝亲忆旧，是感恩，是回望。从新生的祈愿，到逝者的怀念，这一完整的生命表达，赋予了每个节日不同的寓意。

福州所谓的严冬，是从冬节算起的。

福州人冬节吃糯米丸子，周边山区的山民们，家家户户开始酿造青红酒。此时气温相对较低，水质清，可有效地抑制杂菌繁育，益于发酵。而且，这个时候的糯米也比早稻米好，酿出的酒更香。

当地人酿青红酒，喜欢在青红酒酒坛里放入蛏干，再用黄泥封坛，放置三年以上饮用。加蛏干，据说酒的味道会更加鲜美。

因为是寒冬所酿，古人称冬酿的山酒为“冻醪”，晚唐的杜牧有诗曰：“雨侵寒牖梦，梅引冻醪倾。”后人也把冻醪称为寒醅，苏东坡便有这样的诗句：“何以待我归，寒醅发春缸。”

所谓“春缸”，就是春酒。冬酿春熟，要等到春天，才能开缸饮用，故为春酒。《载敬堂集》说：“夏尽秋分日，春生冬至时。”最寒冷的节气里，人们却在酝酿着最蓬勃的春天。山里的春天，是酒缸里酿出来的。

春天已经萌芽。

红花羊蹄甲花事未了，水仙接力似地绽放。大樟溪畔，青梅雪即将染白山间。

白朴的小令《驻马听·吹》唱道：“梅花惊作黄昏雪。人静也，一声吹落江楼月。”青梅盛放，倘若有吹笛人伫立花下，笛声乍起，满树寒梅惊作漫天飞雪，那画面定是美不胜收。

《吕氏春秋·仲冬》说：“是月也，日短至，阴阳争，诸生荡。”

毕竟已经冬至了。阳气破土而出，万物在阴阳互搏中渐次萌动复苏，此时要整洁身心，静待阴阳消长的结果。一个多月后，一个崭新的春天，必将厚积薄发。

小寒

远望窗外的山，依然是那样淡淡的黛色。

满城华盖如伞的小叶榕树、密密匝匝的垂叶榕、芒果树以及杜英树，依然保持着一片翠色。

小区楼下，邻居种下的几株西番莲，依然是满棚满架，那油亮翠绿的果子，也让冬的况味没有想象中的严苛。

喜温的羊蹄甲开成了花树，芬芳馥郁，走在树下，不时可以闻到它优雅的花香。乌桕、香樟叶色青黄，虽比往日憔悴，但新叶已经长出，疏朗的林子反而给人一种秋日的寂寥感，或是早春的期待感。

永泰山野传来消息，满山的青梅一夜花发。

居住在繁华都市，最遗憾的一件事，莫过于感受不到四季的真意了。

一年纷纭，似乎都不曾是亲身经历。

目睹着羊蹄甲簌簌落了一地的花瓣，思绪恍惚，感觉一年世事，似乎也不过像羊蹄甲寻常的一场开落而已。

明日小寒。

这是农历二十四节气中，第二十三个节气了。《月令七十二候集解》对于小寒的诠释是:“十二月节,月初寒尚小,故云。月半则大矣。”意思是说,小寒在十二月(农历)月初。此时寒尚小，到月半（月中），就是大寒了。

其实，这句话说得并不准确。民间所谓的三九隆冬（北方也叫“数九寒天”），大部分时间（“三九”多在1月9—17日）是在小寒节气之内的，就寒冷的程度而言，实际上大部分的年份，小寒是胜过大寒的，只有少数年份，大寒也可能比小寒冷。

小时候，我母亲在一个讲闽南话的村庄教书。到了小寒节气，慈祥的房东阿姆常挂在嘴边的一句话：“小寒冷冻冻，寒到提火笼。”她不时提醒母亲要给孩子添衣。那

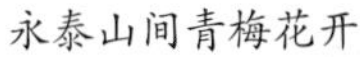

永泰山间青梅花开

种烧木炭的小火笼，现在已经基本绝迹了。

但寒冬里就着火笼烘手，或者小伙伴挤成一堆在墙边取暖，那份入心的温暖还在，那份记忆是不会遗失的。

小寒三候：一候雁北乡；二候鹊始巢；三候雉始鸲。

初候雁北乡。“乡”（xiàng），是向导之义。雁是禽中之冠，自古被视为仁义礼智信五常俱全的灵物。小寒虽冷，但是阳气已动，雁将避热而回，开始出现向北飞的迹象。

永泰山间青梅花开

二候鹊始巢。禽鸟往往是最早得知气候变化的，此时，喜鹊已从凛冽的空气中感知到春阳的讯息，它们开始衔草筑巢，准备孕育后代。

三候雉始鸲。“雉鸲”的“雉”，就是山鸡，通称“野鸡”，也被称为“阳鸟”。“鸲”（qú），在这里是鸣叫的意思。雄雉感受到阳气萌动，而雌雄同鸣。

小寒三候，说的都是鸟类感应到春阳之气，开始蠢蠢欲动。

这也是全年之中除了白露（白露三候：鸿雁来，玄鸟归，群鸟养羞）外，第二个完全以鸟类来刻画候应的节气。喜鹊筑巢、雄雉欢鸣，都表示霜雪满天的小寒已透出了春的生机。

三候之外，小寒节气阳气初生的重要标志，是花信风的吹起。

《吕氏春秋》说：“风不信，则其花不成。”意思是说，风是很守信用的，到时必来，而风的到来，也带来了开花的音讯，这样的风，就叫“花信风”。

古人说，“冬至一阳生”，已暗藏了春的萌芽。等到小寒二阳之际，梅花初开，第一番“花信”也就开始了。

在花信风顺序表中，小寒的初候，所对应的正是梅花。

《岁时记》上说，小寒时节梅花、山茶和水仙开得最是准时。风有信，花不误，岁岁如此，永不相负。

寒冬之花，与雪色相宜。数萼初含雪，孤标画本难。

永泰山间青梅花开

香中别有韵，清极不知寒。

小寒是腊月的节气，二者通常是结伴而至。

腊者，猎也。年终岁末，庄稼已收割入仓，古人利用这难得的农闲去狩猎，用猎来的禽兽和收获的谷物敬报百神，祭奠祖先，这叫“猎祭”。腊者，接也。小寒，也是一年的岁末，所谓新故交接的节气。古人此时大祭以报功，也有期盼来年风调雨顺，有个好的收成的愿景。

总之，腊月是祭祀之月。

寒为寒邪。最寒冷的节气，也是阴邪最盛的时期，小寒也是一个养生的节气。俗语说“三九补一冬，来年无病痛”，旧时，小寒时节是中药房最忙的时候。明人高濂在《遵生八笺》中说：

> 季冬之月，天地闭塞，阳潜阴施，万物伏藏，去冻就温，勿泄皮肤大汗，以助胃气。勿甚温暖，勿犯大雪。宜小宣，勿大全补。众阳俱息，勿犯风邪，勿伤筋骨。

小寒天气最冷，和小暑时讲究“伏”一样，古人一般不会选择外出。对应的字，是“焐”，具体的外在现象，就是“冬闲”。

小寒到了，春节就不远了。

城市的路边，有人在张灯结彩，街坊邻居忙着写春联，置年货。雁北乡，客思归，客居的游子脚尖向着故乡，外面的世界越是寒冷，则家门内的亲人的团聚，越能感受到人间的温暖。

经历了春夏秋冬，看惯了春花秋月冬雪，每个人的内心，都慢慢地有了一份恬淡，一份笃定。

《周易》说：

寒往则暑来，暑往则寒来，寒暑相推而岁成焉。往者屈也，来者信也，屈信相感而利生焉……

它告诉我们，“往”是暂时的退缩；“来”是一时的伸展。

春夏秋冬，否极泰来，周而复始，春天脱胎于严冬，事物达到极致，就会向相反的方向转化。大自然是在告诉我们，不必太介怀于往与来、得与失。

岁月不居，时节如流。那就用一场暖融融的喜悦相逢，一桌热腾腾的家宴，慰藉自己的肠胃，安抚一年来的辛劳与疲惫吧。

大寒

淅淅沥沥下了一夜的雨。雨霁天晴，小区里鸟声鸣翠。

王安石在这样的暮冬里，看到大雁北归，写下一首《余寒》。诗中写道："谁言有百鸟，此鸟知阴阳。"其实这句话是有失偏颇的。

能感知阴阳的，又何止只是大雁呢？

小寒三候中，雁北乡，鹊始巢，雉始鸲，说的都是鸟类感知到阳气的回归。古人认为，禽鸟得气之先，它们是天地间的灵物，在感知阴阳之气流转方面，很多种鸟类，都是有着非凡的天赋的。

走在树下，忽然就在清冷的空气中，嗅闻到一种若有若无的花香了。想到杨万里写过的梅花：

小阁明窗半掩门，看书作睡正昏昏。
无端却被梅花恼，特地吹香破梦魂。

好端端睡着的人，怎么会被花香所惊醒了呢？

行道上开花的是羊蹄甲，不是梅花。树很安静，羊蹄甲的花香也很安静。人在花香中，也会变得安静。闻着羊蹄甲淡淡的花香，什么话都不用说，又好像已经跟它说了很多话。多么静谧安详的暮冬啊！

是日大寒。

《三礼义宗》说：“大寒为中者，上形于小寒，故谓之大……寒气之逆极，故谓大寒。”言外之意，这是一年之中天气寒冷到极点的日子。

从小寒开始，寒潮南下频繁。虽说今年是暖冬天气，但南方的早晚也是一片寒凉。北方此时，想必很多地方已经是“溪深难受雪，山冻不流云”的严冬景象了。

福州林阳寺红梅

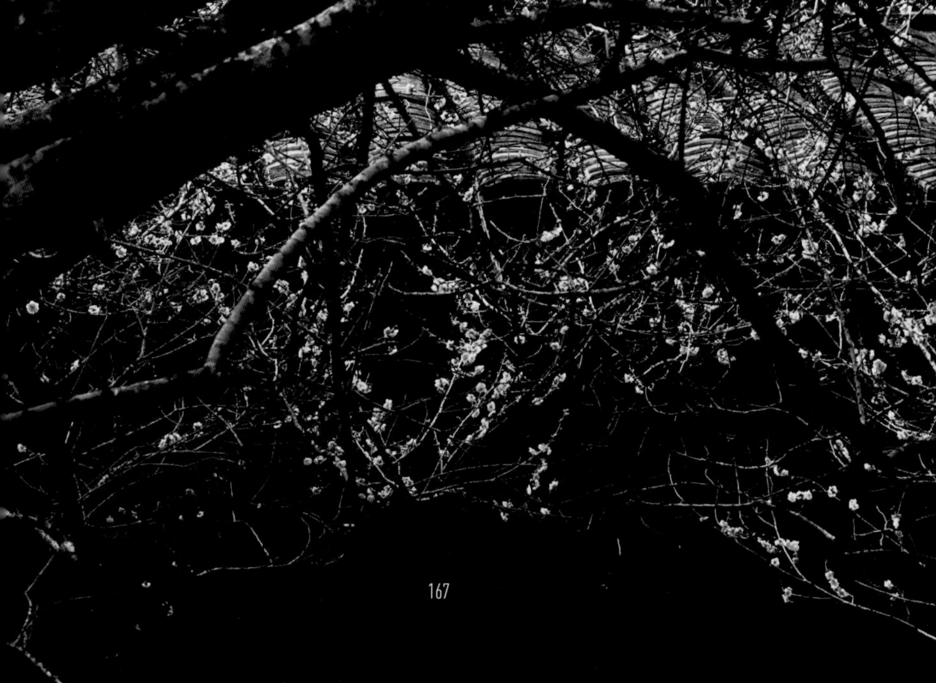

但并不是说，大寒就比小寒更加寒冷。

在我国南方，大寒节气大部分地区平均气温多6—8℃，仅仅比小寒高出近1℃。实际上，单单就气温而言，一年中温度最低的日子，往往多在小寒节气里。

因此小寒与大寒，不是表示“寒”的大小，它们只是古人看待寒冷气候变化的一种趋势而已。

但在古代，无论小寒还是大寒，都是一个难熬的苦寒时节。古人描写大寒的诗句极少，寥寥几篇，几乎都是穷愁苦吟的模样，白居易《村居苦寒》诗写道：

> 八年十二月，五日雪纷纷。
> 竹柏皆冻死，况彼无衣民。
> 回观村闾间，十室八九贫。

福州林阳寺红梅

唐代中后期，藩镇割据，外敌入侵。官吏、地主、僧侣、军队，不耕而食的人占人口一半以上。对于底层的农人，大寒是一个令人绝望的时节。

读书人的境遇比农人相对好一些。

元稹诗说："腊酒自盈樽，金炉兽炭温。大寒宜近火，无事莫开门。"如果可以选择的话，最好是乖乖地蛰伏在家，喝点小酒，烤烤火，能不出门的，打死都要窝在家中，不要出门。

大寒三候：一候鸡乳；二候征鸟厉疾；三候水泽腹坚。

一候鸡乳。古人以牲畜与五行配当。《汉书·地理志》曰："民有五畜，山多麋鹿。"所谓五畜，就是牛、羊、豕、犬、鸡。加上马，就是六畜。鸡为木畜。木畜中的鸡，在天寒地冻的大寒节气里，提前感知到春气，母鸡开始孵育小鸡。

二候征鸟厉疾。征，伐也。杀伐之鸟，指鹰隼之类猛禽。此时，征鸟因受到饥寒交迫之苦，仍翱翔于天际，展现杀伐的本能，追捕猎物以补充身体能量，抵御严寒。

三候水泽腹坚。大寒节气的第三候，是一年中的最后五日，此时寒冷已极，河川湖泊水域中的冰一直冻到水中央，结成又厚又硬的冰块。

而在二十四番花信风中，大寒也有三候：一候瑞香，二候兰花，三候山矾。

瑞香与兰花常见，山矾大多数人不认识它，它就是江南山野常见的郑花，俗名"七里香"。江南人采郑花以染黄，不借矾而成色，北宋黄庭坚因此给它取了“山矾”这个名字。也有人称山矾为“芸香”。古人为防止蠹虫咬食书籍，遂在书中夹上芸香草，开卷便有清香，“书香门第”的“书香”，最早就来自芸香。

腊梅是小寒的花信。但我看到的腊梅，往往在大寒节气里开花。将腊梅当作大寒的花信，是否也是可以的呢?

《姚氏残语》《三柳轩杂识》都将腊梅称为“寒客”。

“寒客”，原指受冻的贫寒之人，白居易诗：“腊月九日暖寒客，卯时十分空腹杯”，被宋人借指腊梅，也是贴切的。能在这极寒冷的时节开花，算是真正的“寒客”了。

宋光宗绍熙二年，也是这样的暮冬。

姜白石冒雪去石湖看望范成大，他在范成大家里住了一个多月。在此期间，姜白石写了流传千古的《暗香》与《疏影》。

姜白石创作的这两曲词，起首便写道：“旧时月色，算几番照我，梅边吹笛。”但这曲子里的梅，唱的应该是梅花，而不是腊梅。

是梅花还是腊梅，其实并不重要，他只是借梅花写怀人之情罢了。在《疏影》一词的结句，他这样写道：“等恁时、重觅幽香，已入小窗横幅。”

他无非是想告诉我们，人世间的一切相遇，不过都是久别重逢，愿无岁月可回头，且以深情共白首。在这样的岁末，读到这样的诗句，意味尤为深远。

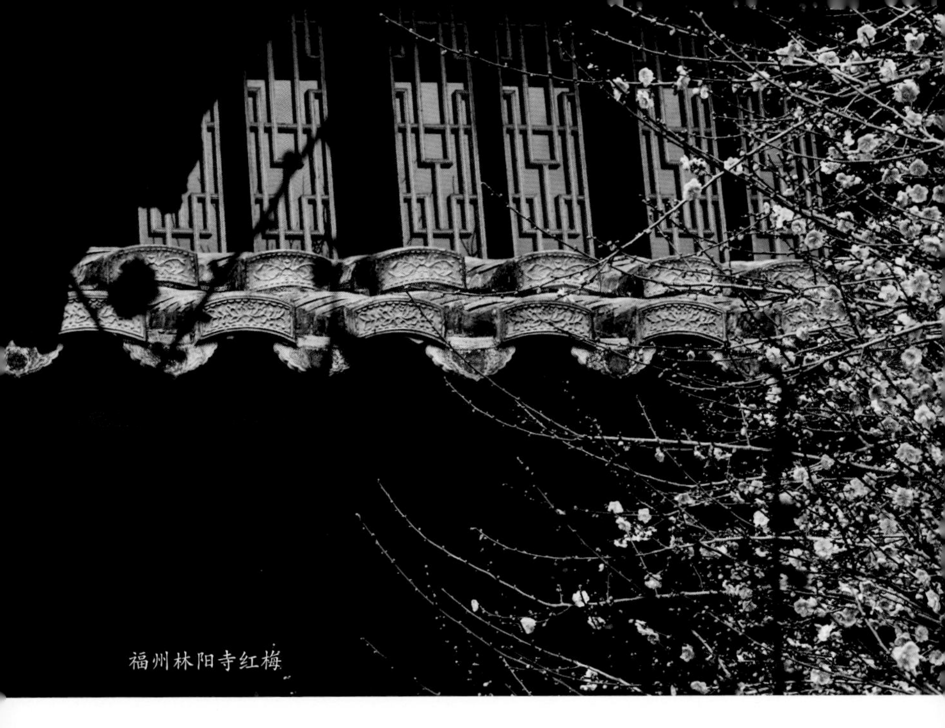

福州林阳寺红梅

在《易经》中，大寒属于震卦。

所谓盛极而衰，天地万物都被冰冻，冻到极致的时候，阴寒之气，已入穷途。土地开裂，天地震动。大寒是一年中最后一个节气，过了大寒，冬藏转为春生，又开始新一轮的节气轮回。

因此，清人张维屏有这样一句诗句："造物无言却有情，每于寒尽觉春生。"

在古人看来，大寒之"寒"，深藏着春之消息，来年的生机，就孕育在土地开裂的裂口中，这是一个否极泰来、心存热望的转折点。因此，在民间，大寒虽名为大寒，气象虽然恶劣，但实际上却充溢着欢乐的气氛，足以融化寒意的料峭。

大寒至立春，集中了很多重要的民俗和节庆，欢乐的情绪一直延续到年三十的除夕夜。

大寒这天福州人要大扫除，称为筅堂。筅，是清扫、打扫的意思，把一年没动过的死角都打扫一遍。筅堂要用新扫帚，而且一定是带鲜竹叶的竹扫帚，寓意满足（竹）、富足（竹），蕴含来年吉利的愿景。筅堂的顺序也很讲究，一般是从上到下，先屋顶、房梁，再墙壁，最后才是地板。

“愿无岁月可回头，且以深情共白首”，看着他们筅堂时浓重的仪式感，你会不会想到姜白石《疏影》曲中暗藏的意喻呢?

旧岁已暮，新年即至，转眼间，又是一个崭新的春天!

红梅

后记

春雨惊春清谷天，夏满芒夏暑相连。

秋处露秋寒霜降，冬雪雪冬小大寒。

我们这一代人在孩童时代，都背过这个《节气歌》。每一个节气，对于思维活跃、求知欲强的学生而言，都有太多太多的问题需要解答。将每个节气内的凡凡种种，用通俗的语言为我作答的，是我的阿嬷（闽语，奶奶），如今，她已经长眠青山三十三年了。

我小的时候，因为当教师的母亲经常调动，所以念过好几个小学，从伯塘到后田，又从后田到模镜，加之寒暑假间，也一直寄居在阿嬷所在的君山，那里青山苍苍，山路蜿蜒，环境闭塞。虽说交通非常不便，却倒让我专注于与花鸟虫鱼为伴，因此，我对乡村生活是十分熟悉的。也因为生长在乡村，故对于节气的重要、节气的神奇，比城里孩子有着更多直观的感受。

节气是什么？我的理解，节气的“节”，应该就是“节骨眼”的“节”。二十四个节气，仿佛就是一年光阴中的二十四座驿站，往小处讲，它好比我每一次回阿嬷家路上的歇脚处。哪个地方要穿过树林，哪个地方要脱鞋涉过海滩，哪个地方要上岸穿鞋准备行走山路，哪个地方有山泉野果，哪个村庄要防备村恶狗袭击……每一段路程，差不多都要在固定的地方歇息，并为接下来的路程做好准备。

往大处讲，二十四节气就是我们祖祖辈辈生活中的坐标。哪个节气将有什么样的气候，要备好哪些农具，做哪些农活，哪个节气我们能吃到什么，会遇到哪些季节性的疾病，又怎么样才能调理好自己的身体。在漫长的农耕社会里，二十四节气影响着国人的衣食住行。我们劳作，我们生活，我们喜悦，我们忧愁，都与它息息相关。它不是冷冰冰的历法，而是一本活色生香、充满烟火味的生活指南。

人们常说“花木管时令，鸟鸣报农时”，千百年的农耕文化在中国人的基因里种下一种温情，那就是花能解语，鸟可同悲。人类只是世界万物中平凡的一种，就像《周易·文言》中所说：“夫大人者，与天地合其德，与日月合其明，与四时合其序，与鬼神合其吉凶，先天而天弗违，后天而奉天时。”自然与人事相对应，且相互感应。唯有顺应自然，方可得天时、地利、人和。

二十四节气，是国人天人合一传统文化理念的最美呈现。一年四季，二十四节气，七十二候应，四时交替对中国人而言，不仅意味着春播、夏种、秋收、冬藏，也意味着人与自然的和谐相处。

从养生的角度讲，二十四节气还是中国人顺应自然、安身立命的护身之本。

古人认为，天体是一个大宇宙，人体是一个小宇宙。大宇宙与小宇宙有一种对应关系，只有循天理而行，与天合一，才能健康长寿。

古老的中医认为，天有阴阳，人也有阴阳；天有五行，人有五脏；天有十二月，人有十二经络；天有一年三百六十天，人身也有三百六十穴。人和天是相通的，人必须同天理和谐相应，“法于阴阳，和于术数，食饮有节，起居有常，不妄作劳，故能形与神俱，而尽终其天年，度百岁乃去”。

雨水草木萌，春分玄鸟至。

小满苦菜秀，夏至蜩始鸣。

白露鸿雁来，霜降蛰虫俯。

冬至水泉动，小寒雁北乡。

二十四节气里面，隐藏着国人的宇宙观、自然观、生命观和哲学观，饱含着我们尊重自然、顺应自然规律及与自然和谐相处的智慧。每一个节气的到来，都在时时刻刻提醒着你，不能忘记人与自然的联系。

二十四节气的命名围绕着三条线索：寒暑温度变化、降水量不同以及感应时节的物候劳作。四个“立”，是四季之始；两个“分”，是昼夜平分；‘两个“至”，是典型极致。暑寒，是对温度的细腻感知；雨露霜雪，是对降水量和形态的微妙描述。而惊蛰、清明、小满、芒种，更是国人对于自然、物候、哲学朴素的理解。所有这些，都充满了先人的智慧。

二十四节气，也是国人对于光阴美学、人生哲学的一种态度。

人们常把时间称作“光阴”。唐韩偓《青春》诗：“光阴负我难相偶，情绪牵人不自由。”美好的韶华，就在明亮与昏暗的交替中慢慢流逝。古代中国人的光阴是缱绻的，缓慢的，在这样缓慢的光阴里，他们仰观俯察，观物取象，内心如水般宁静、柔软，人间也显得如此多情。

我们现在生活在工业文明时代，在物质水平高度发展的今天，时间就是金钱，生活就是欲望。我们丧失了对土地的情感，麻木了对自然的感知；颠覆时序的作息，失去观察物候的兴趣。农耕文化中，曾经的温婉、细腻与诗意，已经同我们渐行渐远。人们忙忙碌碌，节气、时令与习俗对脚步匆匆的现代人来说，不过只是个形式。

如何才能重还温情，拾得旧时光里的那份从容呢？这就是我写二十四节气的初衷。这一想法得到我的朋友、植物界达人桃小香的支持，她提供给我大量的图片。山川美景，四时物候，草木花卉，文化习俗，我在她的照片中，体会到四季的诗意、时光的优雅、生活的温婉，也直接促成我将日常写下的对于生活零零散散的感知汇编成册的打算。

二十四节气起源于黄河流域，而且千百年来，气候、物候都有了很大的变化。但我还是选择以七十二候应为线索，以我所居住的南国福州地区为立足点，结合自己的日常观察，将生活中的点滴感受，汇集成这本《岁时·节气》。

我的目的只有一个：重温农耕社会的美好记忆，寻找蕴藏在时光里的美感；重拾对自然万物的兴趣与感知，以及豁达从容的人生态度。倘若能有读者从这些文字中获得些许益处，将是对我莫大的鼓励。

再次感谢我的朋友桃小香。

谨以此书，献给让我认识节气、了解节气的阿嬷。

平川

2021 年 4 月